Peter Steinacker
Das kann doch nicht wahr sein!

Das kann doch nicht wahr sein!

Dieses Werk ist eine inhaltliche Bearbeitung des Buches „Logischen Katastrophen auf der Spur" von Andrej Grigorjewitsch Konforowitsch, welches letztmalig 1997 im gleichen Verlag erschienen ist.

Peter Steinacker

Das kann doch nicht wahr sein!

Mathematische Debakel, Logische Katastrophen und Paradoxa

mit 128 Aufgaben, 51 Bildern und 20 Illustrationen

Fachbuchverlag Leipzig
im Carl Hanser Verlag

Autor
Dozent Dr. phil. habil. Peter Steinacker
Universität Leipzig
Institut für Logik und Wissenschaftstheorie

Bibliografische Information der Deutschen Nationalbibliothek
Die Deutsche Nationalbibliothek verzeichnet diese Publikation in der Deutschen Nationalbibliografie; detaillierte bibliografische Daten sind im Internet über http://dnb.d-nb.de abrufbar.

ISBN-10: 3-446-40715-4
ISBN-13: 978-3-446-40715-2

Fachbuchverlag Leipzig im Carl Hanser Verlag

http://www.hanser.de
Lektorat: Christine Fritzsch
Herstellung: Renate Roßbach
Illustrationen: Lore Jacobi, Jesewitz
Satz: Peter Steinacker, Leipzig
Layout: Arnold & Domnick, Leipzig
Druck und Binden: Druckhaus „Thomas Müntzer" GmbH, Bad Langensalza
Printed in Germany

Wie dieses Buch entstand

Als ich vor einiger Zeit vom Verlag gefragt wurde, ob ich eine redaktionelle Bearbeitung des Buches von Andrej Grigorjewitsch Konforowitsch *Logischen Katastrophen auf der Spur* (Fachbuchverlag Leipzig 1997) vornehmen wolle, habe ich spontan zugestimmt.

Die Originalausgabe war 1983 in Kiew erschienen und trug noch deutliche Spuren jener Zeit. So sah sich Konforowitsch damals veranlasst Autoritäten anzuführen, die alles andere als Fachleute auf dem Gebiet der Mathematik oder Logik waren. Dies widersprach dem Geist des Buches deutlich, welches die Strenge deduktiver Argumentationen in den Mittelpunkt stellt und auf Fallstricke hinweist, die uns erwarten, wenn wir diese Normen mathematischen Arbeitens unterlaufen. Diesen Umstand allein zu beheben, hätte nur einiger weniger Korrekturen bedurft. Ursprünglich hatte ich auch nur dieses vor.

Beim Durcharbeiten und in Absprache mit dem Verlag fand ich es jedoch zweckmäßig, das Buch einem breiteren Leserkreis zugänglich zu machen; deshalb wurden solche Aufgaben gestrichen, für deren Lösung mehr als allgemeine Kenntnisse der Mathematik aus der Abiturstufe erforderlich sind. Deshalb fanden neue Aufgaben Eingang ins Buch, die die entstandenen Lücken füllten; viele Aufgaben wurden in eine neue (vielleicht modische) Kleidung gehüllt.

Wesentlicher ist jedoch ein Eingriff, der mir unvermeidlich erschien. Das ursprüngliche Buch von Konforowitsch orientierte sich an der Systematik des Mathematikunterrichts in der Schule der UdSSR; dort waren Algebra, Arithmetik, Geometrie einzeln benotete Schulfächer. Ich erachte es jedoch für wichtig, den ganzheitlichen Aspekt der Mathematik als Wissenschaft mit einer sie prägenden Denkkultur hervorzuheben.

Deshalb wurden die Aufgaben völlig neu angeordnet, diesmal nach dem Prinzip der logisch-methodologischen Gemeinsamkeiten. So finden sich etwa im Abschnitt *2.3 Unendliches und unsere Vorstellungskraft* Aufgaben aus der Geometrie, der Arithmetik und der Mengenlehre, weil für ihre korrekte Lösung der regelgerechte Umgang mit unendlichen Summen (Reihen), unendlichen Konstruktionen beziehungsweise unendlichen Mengen unabdingbare Voraussetzung ist

Im Sinne Konforowitschs, der seine Leser zu einer „... originellen Reise auf den aufregenden Wegen des menschlichen Denkens einlädt ..." scheint mir eine solche Überarbeitung seines Textes zulässig. Der Leser ist also eingeladen, dieselbe Landschaft zu besichtigen, nur ist die Reiseroute geändert. Die Sehenswürdigkeiten (und die Denkwürdigkeiten) sind die ursprünglichen.

Schließlich sei noch eine Bemerkung zu den Quellen der Aufgaben angebracht. Bei vielen fehlt ein Verweis auf den Autor, nicht weil man diesen nicht würdigen wollte, sondern weil es so etwas wie mathematisch-logische Folklore gibt: Aufgaben und Problemstellungen, die in vielen Büchern vorkommen und bei denen es große Probleme bereiten würde, eine Autorenschaft festzustellen. Was aber kann einer Melodie, einem Zitat oder eben einer kniffligen Aufgabe Besseres passieren, als dass sie kulturelles Allgemeingut werden und in den Alltag Eingang finden?

Vielen habe ich für die Unterstützung bei der Abfassung des Textes zu danken, besonderen Dank schulde ich aber der Lektorin des Fachbuchverlages, Frau Christine Fritzsch, für die Anregung, die fortdauernde Ermutigung und die sorgfältige Begleitung dieser Arbeit.

Leipzig, im Herbst 2006 Peter Steinacker

Inhaltsverzeichnis

Hallo, ich bin Max
Hallo, ich bin LOGO

1 Ein wenig Logik kann nicht schaden

1.1 Wahr oder nicht wahr, das ist hier die Frage

„Was ist Wahrheit?", „Wie unterscheidet man Wahrheiten von Unwahrheiten?" Solche Fragen, wie auch die nach dem(n) Weg(en) zur Wahrheit bzw. den Rechtfertigungen von Wahrheiten zählen zweifellos zu den fundamentalen philosophischen Fragen. Doch ungeachtet der Tatsache, ob wir eine befriedigende Antwort auf diese Fragen kennen oder nicht, wir sind alltäglich zur Auseinandersetzung mit diesem Thema gezwungen. Die Gründe hierfür sind vielfältig.

Nichts auf der Welt ist so gerecht verteilt wie der Verstand. Denn jedermann ist überzeugt, dass er genug davon habe.
RENÉ DESCARTES

Am Anfang stehen sicher ganz praktische Fragen, etwa die, ob es wahr ist, dass der Bus an Arbeitstagen 6.53 Uhr von meiner Haltestelle abfährt. Dies lässt sich für den jeweiligen Tag, vorausgesetzt, ich bin nicht im Urlaub oder krank, recht leicht beantworten. Selbst für kommende Tage kann ich mit einer gewissen Wahrscheinlichkeit eine wahre Antwort auf diese Frage geben.

Auch soziale Gründe für unser Streben nach Wahrheit sind zu nennen. Wenn wir Wert darauf legen, dass unsere Aussagen auch von anderen, wenn schon nicht unbedingt immer anerkannt, so doch wenigstens in Betracht gezogen werden, so sollten wir darum bemüht sein (und dies auch deutlich machen!), dass wir stets wahre Sätze äußern. Andernfalls laufen wir Gefahr, dass man uns selbst dann nicht glauben wird, wenn wir alle auffordern, das Zimmer zu verlassen, weil im Obergeschoss ein Brand ausgebrochen ist.

In einem Umfeld, welches sich gegenüber Leuten mit Spleen tolerant zeigt, könnte jemand auch dann akzeptiert sein, wenn er stets bemüht ist, die Unwahrheit zu sagen und die anderen dies wissen, oder?
SPLEENIGER AUTOR

Nun ist die Frage nach der Wahrheit eines Satzes nicht in jedem Fall so einfach zu beantworten wie etwa für die Aussage *Heute, am 2. Januar 2006, ist Montag*. Im diesem Fall genügt ein Blick in den Kalender.

Wahrheiten zu entdecken ist die Aufgabe aller Wissenschaften; der Logik kommt es zu, die Gesetze des Wahrseins zu entdecken.
GOTTLOB FREGE

Dass sich die Schienen des Schienenstrangs am Horizont nicht treffen, ist auch eine elementare Wahrheit. Dies einzusehen, bedarf es jedoch mehr als der Sinnesdaten, die unsere Augen liefern. Wir machen entweder unsere Erfahrung geltend (wir waren schon an diesem Punkt und haben gesehen, dass die Schienen dort nicht zusammentreffen), oder wir haben Einsicht in die Gesetze unseres Sehens, dann können wir die Behauptung allgemeiner formulieren und aus unseren trügerischen Sinnesdaten den wahren Sachverhalt gewinnen.

Auch dass der Satz *Nicht die Sonne bewegt sich um die Erde, sondern die Erde um die Sonne* wahr ist, ist nicht mit einem Blick auf den Tageslauf zu beantworten. Die mit diesem Satz getroffene Feststellung ist ein Ergebnis wissenschaftlicher Untersuchungen. Zugleich finden wir hier ein Beispiel dafür, dass um die Wahrheit oder Falschheit von Sätzen erbitterte und leidenschaftliche (und nicht immer rein wissenschaftliche) Auseinandersetzungen geführt werden. Man denke auch an Fragen der Art, wer einen Anspruch auf diese oder jene Provinz geltend machen kann.

Auch die Wissenschaft allgemein hat die Entdeckung von Wahrheiten zum Ziel. Hierzu bedient sie sich verschiedener, teils sehr spezifischer Methoden und sehr spezieller Messgeräte und -anordnungen, zudem grenzt man das Untersuchungsgebiet ein. Daher sind wir mit einer zunehmenden Vielfalt wissenschaftlicher Disziplinen konfrontiert. Doch selbst dann, wenn wir eine Anhäufung elementarer Sätze zu einem Gebiet gesammelt und als wahr nachgewiesen haben, werden wir noch nicht von einer Wissenschaft bzw. einer wissenschaftlichen Theorie sprechen. Immer geht es auch um (wenigstens die innerwissenschaftlichen) Zusammenhänge der Wahrheiten untereinander: *„Was folgt woraus?"*, *„Welche Grundprinzipien rechtfertigen die Wahrheit welcher nachgeordneten Sätze?"*, *„Welche nachgeordneten Sätze sind von meinen Grundprinzipien unabhängig?"* – so lauten wichtige Fragen, die ich bei der Konstitution wie bei der Bewertung einer wissenschaftlichen Theorie zu beantworten habe.

Ist Wahrheit = Wahrheit?

Wir haben bisher in unserer Rede über Wahrheiten solche unterstellt, die man im Ergebnis von Messung, Beobachtung, Experiment (jedenfalls prinzipiell) feststellen kann. Dies kann einfach, schwierig oder sogar gegenwärtig unmöglich sein. Gelegentlich sind uns diejenigen Wahrheiten, deren Erkenntnis besonders aufwändig war, besonders lieb – deshalb sind sie noch lange nicht wahrer als die anderen, einfach einzusehenden.

Dennoch wollen wir wenigstens eine andere Art von Wahrheiten hervorheben. Welche Messungen oder Beobachtungen muss man etwa anstellen, um zur Einsicht zu gelangen, dass alle Junggesellen unverheiratet sind? Und welche Experimente rechtfertigen die Behauptung, dass für beliebige natürliche Zahlen a und b stets gilt: $a + b = b + a$?

Für die Behauptung über Junggesellen lautet unsere Antwort einfach, hier handelt es sich um eine „begriffliche" (auch analytische) Wahrheit, welche sich auf unsere Begriffe von „Junggeselle" und „unverheiratet sein" gründet.

Analytische Sätze:
Junggesellen sind unverheiratet.
Quadrate sind rechteckig.

Auch die Einsicht in mathematische Wahrheiten ist weder auf Experimente noch auf Beobachtungen gegründet. Sie sind einzig und allein basiert auf Festsetzungen (Definitionen, Axiome u. ä.) und auf Ableitungen aus diesen (Beweise). Insofern gilt einem Mathematiker nichts als wahr, was nicht per definitionem wahr ist (*Quadrate sind Vierecke.* oder *Eine Gerade ist die kürzeste Verbindung zwischen zwei Punkten.*) oder aber aus gesetzten Wahrheiten (Axiomen, Definitionen) und anderen bereits bewiesenen Wahrheiten regelgerecht bewiesen wurde.

Mathematische Wahrheiten

Dieser Umstand erklärt das Bemühen der Mathematiker um Formulierungen, die eindeutig sind und den Sachverhalt möglichst präzise wiedergeben, also nichts behaupten, wofür der Behauptende nicht auch wirklich die Chance eines Beweises sieht.

Über das Beweisen in der Mathematik siehe auch
R. Thiele, Mathematische Beweise.
I. Lakatos, Beweisen und Widerlegen. Die Logik der mathematischen Entdeckungen.

Dieser Umstand erklärt auch, warum Mathematiker den Ausdruck „Satz" reserviert haben für Behauptungen, auf die ein förmlicher

Beweis folgt. Alle anderen Behauptungen sind schlicht Vermutungen, Hypothesen oder gar Spekulation. Angesichts des hohen Stellenwerts des Beweisens in der Mathematik nimmt es nicht wunder, wenn das Beweisen selbst kanonisiert wird, d. h. in einer standardisierten Form erfolgt. Die Beschreibung eines solchen Standards orientierte sich an den Gesetzen der formalen Logik. Geraume Zeit galt sogar eine rein formale Herangehensweise an das Beweisen als einzig erstrebenswertes Ideal. Bemerkenswerterweise war es ein Mathematiker, Kurt Gödel, der 1931 die Grenzen dieser idealisierenden Zielstellung aufzeigte, natürlich in einem Beweis, der den zeitgenössischen Standards für das Beweisen genügte und der, wenn auch widerstrebend, von der Gemeinschaft anerkannt wurde.

Was man als Beweis besitzt, kann man getrost nach Hause tragen.
MATHEMATISCHE FOLKLORE

Wenn wir also als Mathematiker von der Wahrheit des Satzes $a + b = b + a$ Gebrauch machen wollen, so müssen wir seiner Wahrheit gewiss sein, d. h. einen Beweis dafür vorlegen oder wenigstens vorlegen können. Gleiches gilt, wenn wir etwa aus $a + (b + c) = (a + b) + c$ eine Regel ableiten, die es uns erlaubt, bei der Addition von mehr als zwei Summanden die Reihenfolge der (Teil-)Additionen beliebig festlegen zu dürfen.

Aber: Wenn ein Satz, eine Regel oder ein funktionaler Zusammenhang bewiesen sind, dann spielt es keine Rolle mehr, ob diese trivial erscheinen oder eher Erstaunen oder gar Verwunderung hervorrufen – bewiesen ist bewiesen, und das Bewiesene ist damit genau so wahr wie die absolut einsichtigen Behauptungen, die am Anfang unserer Beweiskette stehen sollten, auch.

1.2 Die Frage aller Fragen

Gut, das ist vielleicht etwas übertrieben. Echte Kandidaten für diese Kategorie sind Fragen wie: Werden wir in dreißig Jahren noch genügend Ressourcen haben? Gelingt es, diese gerecht zu verteilen und effektiv zu nutzen? Lernen wir bald, zivilisiert miteinander umzugehen?

Für die Wissenschaft allgemein, die Mathematik im Besonderen aber sind solche Fragen wie *Was folgt woraus? Und was folgt eventuell nicht aus den genannten Voraussetzungen?* von herausragender Bedeutung. Dass man diese Fragen beantworten muss, um über die Zusammenhänge der Wahrheiten, also die Struktur wissenschaftlicher Theorien zu entscheiden, haben wir bereits festgestellt. Doch auch für den Fortschritt der Wissenschaft, z. B. für die Bewertung und Einordnung von Hypothesen (Sätze, über deren Wahrheit oder Falschheit noch nicht entschieden wurde) ist diese Frage entscheidend. Wenn es zum Beispiel gelingt, eine Behauptung experimentell zu widerlegen, die aus einer Hypothese logisch folgt (abgeleitet werden kann), so sind wir in der Lage, diese Hypothese zu verwerfen, denn sie muss falsch sein.

Was folgt woraus? Was folgt nicht?

Wann sagen wir nun, dass ein gegebener Satz aus anderen folgt?

Dies ist die zentrale Frage, auf die die Logik Antworten sucht und gibt.

Logik gilt schlechthin als die Lehre vom korrekten oder folgerichtigen Schließen, also als Lehre von den Regeln, denen wir folgen dürfen/müssen, wenn wir folgerichtig schließen oder begründen wollen/sollen. Es ist wohl klar, dass es nicht eine Logik für die Mathematik und eine (andere) für die Soziologie, eine für Heranwachsende und eine für Erwachsene gibt, sie ist stets dieselbe. Dann aber leuchtet unmittelbar ein, dass es sich um formale Regeln handeln muss, solche, die als Schemata unabhängig vom Anwendungsgebiet stets gültig oder nicht gültig sind. Ein Beispiel ist der Schluss

Logik – die Lehre vom korrekten Schluss

Verkehrsteilnehmer sind zur gegenseitigen Rücksichtnahme verpflichtet.
Radfahrer sind Verkehrsteilnehmer.
Also sind Radfahrer zur gegenseitigen Rücksichtnahme verpflichtet.

Dass dieser korrekt ist, hat nichts mit dem gewählten Beispiel zu tun, man setze etwa für Verkehrsteilnehmer B, für Radfahrer A und man bezeichne diejenigen, die zur gegenseitigen Rücksichtnahme verpflichtet sind, mit C.

Dann nimmt unser Beispiel folgende schematische Gestalt an:

(Alle) B's sind C's.
(Alle) A's sind B's.
Also sind (alle) A's auch C's.

Gültigkeit eines Schlusses ist reine Formsache!

Dass dieses Schema bei Einsetzung von geeigneten Ausdrücken für A, B und C stets korrekte Schlussbeispiele liefert, heißt schlichtweg nur, dass immer, wenn bei Einsetzung von Ausdrücken der Art, dass die ersten beiden Sätze wahr sind, auch zwingend der letzte Satz wahr sein muss. Sollte das auch nur für ein konkretes Beispiel nicht der Fall sein, so müssen wir dieses Schema verwerfen und gleichzeitig den auf diesem Schema basierenden Schluss in Frage stellen.

Dies gilt insbesondere in folgendem Fall: Wir betrachten das Schema:

Wenn A, dann B.
Nicht A.
___
Nicht B.

Setzt man hier für *A* ein *Hans hat Fieber*, für *B Hans ist krank*, so erhält man ein konkretes Schlussbeispiel, bei dem die Wahrheit der Prämissen nicht die Wahrheit der Konklusion garantiert (z. B. dann, wenn Hans Migräne hat). In diesem Fall muss das ganze Schema als nicht korrekt verworfen werden. Kein Schluss, der ausschließlich auf diesem Schema (dieser Form) basiert, ist gerechtfertigt. Das gilt auch dann, wenn man für *A* und *B* entsprechend einsetzt *Die Zahl* 2006 *ist durch 3 teilbar* und *Die Quersumme der Zahl* 2006 *ist durch 3 teilbar.* In diesem Fall ist die Konklusion des Schlussbeispiels wahr (wie die Prämissen auch), aber die Wahrheit der Prämissen garantiert nicht die Wahrheit der Konklusion.

Allgemein kann man also festhalten, dass ein Schluss einen Übergang darstellt: Von den Sätzen P_1, P_2, ..., P_n, den Voraussetzungen oder Prämissen, zu einem Satz *K*, der Schlussfolgerung oder Konklusion. Wie schon im vorhergehenden Beispiel schreibt man auch

$$\frac{P_1\,,\,P_2\,,\ldots,\,P_n}{K}\,.$$

Die Form eines Schlusses

$$\frac{\text{Prämisse(n)}}{\text{Konklusion}}$$

Setzt man nun für P_1 den Satz *Wenn es regnet, so wird die Straße nass*, für P_2 den Satz *Die Straße wird nicht nass*, und für *K* den Satz *Es regnet nicht*, so erhält man den Schluss

Wenn es regnet, so wird die Straße nass.
Die Straße wird nicht nass.
____
Es regnet nicht.

Auch hierbei handelt es sich um einen korrekten Schluss, den so genannten modus tollens, sein allgemeines Schema ist

Toll: Der modus tollens

Wenn A, dann B.	$A \to B$
Nicht B.	$\neg B$
Nicht A	$\neg A$

Ein Schluss heißt korrekt oder gültig genau dann, wenn die Wahrheit der Prämissen die Wahrheit der Konklusion garantiert und diese Garantie allein aus der Struktur des zugrunde liegenden Schemas resultiert.

Gültiger (korrekter) Schluss

Aus den vorhergehenden Beispielen war zu ersehen, dass es (relativ) einfach ist, einen Schluss als nicht korrekt nachzuweisen: Dazu genügt es, ein strukturgleiches Schlussbeispiel aufzuzeigen, welches also auf demselben Schlussschema beruht und bei dem alle Prämissen wahr sind und die Konklusion gleichzeitig falsch ist.

Um einen Schluss als korrekt oder gültig auszuzeichnen, reicht es jedoch nicht aus, wenn man darauf verweist, dass ein widerlegendes strukturgleiches Schlussbeispiel nicht gefunden sei. Vielmehr muss man nachweisen, dass ein solches nicht existieren kann. Dafür stellt die Logik spezielle Methoden bereit, auf die in den folgenden beiden Abschnitten näher eingegangen wird.

A1 Begründen Sie, dass der folgende „Schluss" in dem Dialog von Alice mit der Grinsekatze (er stammt aus L. Carrolls „Alice im Wunderland") nicht korrekt ist:

> *„Und woher weißt du, dass du verrückt bist?" fragte Alice.*
> *„Das will ich dir an den Hunden erläutern", sagte die Katze. „Die sind nicht verrückt, das gibst du doch zu?"*
> *„Ja, vermutlich nicht."*
> *„Gut", fuhr die Katze fort. „Wie du weißt, knurrt ein Hund, wenn er wütend wird, und wedelt mit dem Schwanz, wenn er sich freut. Ich dagegen knurre, wenn ich mich freue, und wedele mit dem Schwanz, wenn ich wütend werde. Folglich bin ich verrückt." Ungläubig nahm Alice die Erläuterung der Grinsekatze auf.*

Trockenes Brot ist besser als Pfannkuchen?

A2 Wie verhält es sich mit dem folgenden Schluss?

Nichts ist besser als Pfannkuchen.
Trocken Brot ist besser als nichts.
____
Also ist trockenes Brot besser als Pfannkuchen.

Handelt es sich hierbei um eine Variante des sicher korrekten Schlussschemas

B ist besser als C.
A ist besser als B.
____
A ist besser als C ?

Metaben, Syrbenen und Sitotrophie

A3 Vermutlich fällt es Ihnen schwer, Prämissen und Konklusion des folgenden Schlusses hinsichtlich ihres Wahrheitsgehalt zu beurteilen. Kann man dennoch entscheiden, ob der Schluss korrekt ist?

Syrbenen sind sitotroph.
Alle Metaben sind Syrbenen.
____
Also sind Metaben sitotroph.

Der „falsche" Pythagoras

Ein weiteres Beispiel finden wir in der folgenden Situation. Sicher erinnern Sie sich an den Satz des Pythagoras: $a^2 + b^2 = c^2$, genauer:

In jedem rechtwinkligen Dreieck ist die Summe der Quadrate über den Katheten gleich dem Hypotenusenquadrat. Und nun stellen Sie sich vor, dass in einer Mathematikarbeit die so genannte Gärtnerkonstruktion gerechtfertigt werden soll. (Zur Erinnerung: Das ist die Konstruktion, bei der eine Schnur in 3, 4 und 5 m lange Abschnitte unterteilt ist, die zu einem Dreieck aufgespannt werden, bei dem der Winkel, der der 5 m langen Seite gegenüber liegt, ein rechter Winkel ist.) Sie rechnen nach, dass $3^2 + 4^2 = 5^2$ und begründen, dass damit nach dem Satz des Pythagoras die Konstruktion einen rechten Winkel ergeben muss. Zu ihrem Entsetzen stellen Sie fest, dass Ihre Antwort mit null Punkten bewertet wurde.

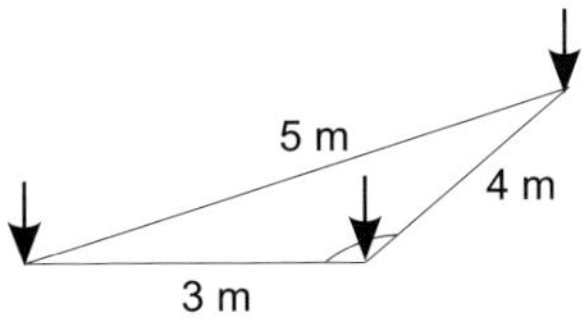

Wie das? Ist kein Verlass mehr auf den Satz des Pythagoras, hatte der Korrigierende einen schwachen Moment, oder verstehen Sie die Aufgabe nicht richtig?

Beim Nachschlagen stellen Sie fest, dass es Hunderte von verschiedenen Beweisen für den Satz des Pythagoras gibt, daran kann es also nicht liegen. Ihr Mathematiklehrer hat dennoch recht. Er verweist auf den Fehler in der Begründung: Überlegen Sie noch einmal.

A4 Wo liegt der Fehler in der Begründung?

Die Frage ist nämlich nicht, ob die Schlussfolgerung im vorhergehenden Beispiel wahr ist (das ist sie zweifellos), sondern, ob die genannten Voraussetzungen die Schlussfolgerung rechtfertigen, ob also die Wahrheit der Voraussetzungen die Wahrheit der Konklusion garantiert.

Eine Sache ist es nun, Schlussweisen zu rechtfertigen, wenn die Schlussfolgerungen bekannt sind. Dazu bedarf es anerkannter Regeln. Liegen diese vor, so kann man sie auch dazu verwenden, aus bekannten Tatsachen neue, noch nicht bekannte zu schlussfolgern. In der folgenden Aufgabe soll es genau darum gehen.

Schlussfolgerungen rechtfertigen ist eine Sache, neue Schlussfolgerungen finden – eine nicht weniger spannende.

A5 Finden Sie heraus, wo sich Ihr Freund Martin aufhält, von dem Sie Folgendes wissen:

Wo ist Martin?

Wenn Martin nicht in der Vorlesung ist, so sitzt er in der Mensa.
Wenn Martin nicht in der Mensa ist, so ist er im Studentenklub.

Kann man begründete Angaben über Martins Aufenthaltsort machen?

Fassen wir zusammen, was sich jetzt schon über den Zusammenhang zwischen Prämissen und Konklusion in einem korrekten Schluss sagen lässt. Dieser Zusammenhang ist ein formaler oder struktureller, da über die Korrektheit eines Schlusses nur bezüglich des zugrunde liegenden Schlussschemas geurteilt wird. Insofern ist auch der konkrete Inhalt von Prämissen und Konklusion nachrangig, wesentlich ist deren Gestalt (Form). Ausgeschlossen ist, dass in einem korrekten Schluss alle Prämissen wahr sind und die Konklusion falsch ist. Gleiches lässt sich auch über alle strukturgleichen Schlüsse sagen. Damit wird deutlich, dass in einem korrekten Schluss durchaus die Konklusion falsch sein kann (dann aber muss mindestens eine Prämisse falsch sein).

Die so beschriebenen Schlussweisen zeichnet vor allem aus, dass sie „wahrheitserblich" sind, also die Wahrheit der Prämissen (falls diese wahr sind) auf die Konklusion vererben.

Schlussweisen dieser Art nennt man auch deduktive Schlüsse. Traditionell unterscheidet man zwei Arten von Schlüssen: Deduktive Schlüsse (lat. deducere – herabführen), Schlüsse vom Allgemeinen auf das Besondere, und induktive Schlüsse (lat. inductio – hineinführen), bei denen man vom Besonderen, Einzelnen, auf das Allgemeine schließt. Wenn man etwa bislang nur weiße Schwäne beobachtet hat, so kann man induktiv schließen auf den Satz *Alle Schwäne sind weiß*. Es gilt aber zu beachten, dass die – wenn auch zahlreichen – Einzelfeststellungen aus den Beobachtungen nur eine plausible Begründung für die Wahrheit des allgemeinen Satzes liefern, keineswegs aber eine Garantie für dessen Wahrheit darstellen. Sobald wir auch nur eines schwarzen oder grauen Schwans ansichtig werden,

Deduktive vs. induktive Schlussweisen

Auf der Zugfahrt durch Schottland, die ein Astronom, ein Physiker und ein Mathematiker gemeinsam unternehmen, sehen sie aus dem Zugfenster auf einer Weide ein schwarzes Schaf stehen.

muss der induktiv gewonnene Satz verworfen oder wenigstens abgeschwächt werden.

Auch wenn wir bisher immer feststellen konnten, dass bei der Addition zweier Zahlen a und b die Summe unabhängig davon war, in welcher Reihenfolge die Summanden verwendet wurden, kann man induktiv schließen, dass für beliebige a und b stets $a + b = b + a$ gilt. Eine Garantie der Wahrheit ist aber damit nicht verbunden, wie das folgende Beispiel zeigt.

Wenn man in den Term $991n^2 + 1$ nacheinander für positive ganze Zahlen ($n = 1,2,3, \ldots$) einsetzt, so wird man nie, auch wenn man ein Leben lang mit dem Taschenrechner jeden der Werte einzeln berechnet, eine Quadratzahl erhalten. Induktiv würde man auf den Satz „Für beliebige positive ganze Zahlen n ist $991n^2 + 1$ keine Quadratzahl" schließen. Dennoch ist dieser Satz falsch, denn mit dem Computer fand man die kleinste natürliche Zahl n für die der Wert des Terms $991n^2 + 1$ eine Quadratzahl ist. Diese ist

$$n = 12\,055\,735\,790\,331\,359\,447\,442\,538\,767\ .$$

Damit muss man auch die Hoffnung fahren lassen, man könne den Satz „Für beliebige positive ganze Zahlen n ist $991n^2 + 1$ keine Quadratzahl" beweisen, im Unterschied zu der Behauptung, dass für beliebige a und b stets $a + b = b + a$. Dennoch sollte man die induktiven Schlüsse nicht gering schätzen. Sie sind nicht nur für die empirischen Wissenschaften von erheblicher Bedeutung, auch für die Mathematik sind sie ein Instrument, um zu Vermutungen zu gelangen, die, wenn es gelingt, sie zu beweisen, zu den mathematischen Wahrheiten hinzugefügt werden können.

„Interessant", bemerkte der Astronom, „in Schottland sind die Schafe also schwarz."
Nicht doch", entgegnete der Physiker, „in Schottland gibt es schwarze Schafe."
Der Mathematiker konnte keinem der beiden zustimmen: „In Schottland gibt es wenigstens eine Weide, auf der wenigstens ein Schaf weidet, welches wenigstens auf einer Seite ein schwarzes Fell hat."

Eine besondere Anmerkung ist zu einem speziellen mathematischen Verfahren, der vollständigen Induktion, angebracht. Auch hier wird von Einzelfeststellungen auf einen allgemeinen Satz geschlossen (daher der tradierte Name), dennoch handelt es sich um eine wahrheitserhaltende, d. h. im modernen Sinne deduktive Schlussweise.

Vollständige Induktion
Vergleiche dazu 3.2

1.3 Elementares zur Logik

Wir hatten bereits gesehen, dass die Logik nicht spezielle Schlussbeispiele als korrekt auszeichnet, sondern stets eine ganze Klasse von Beispielen, also auf bestimmte Strukturen orientiert ist. Auch ist ein Schlussbeispiel korrekt, ganz unabhängig davon, ob die entsprechenden Sätze in Deutsch, Spanisch oder Swaheli formuliert sind. Um dieser Besonderheit Rechnung zu tragen und um Mehrdeutigkeiten der jeweiligen konkreten Sprache auszuschließen, bedient sich die Logik deshalb einer formalen Sprache, die, wenn auch gewöhnungsbedürftig, doch recht einfach ist.

Aussagen

Grundelemente dieser Struktur sind zunächst Aussagen, sprachliche Ausdrücke, denen ein Wahrheitswert zukommt, und die durch Aussagenvariablen vertreten sein sollen. Man unterscheidet zwischen einfachen Aussagen und zusammengesetzten, d. h. solchen, die aus einfachen Aussagen mittels spezieller Aussagenverknüpfungen (Operatoren) gebildet wurden. Einfache Aussagen sind: *Heute, am 6. Mai 2006, ist Samstag. Die Erde kreist um die Sonne. Jenes Dreieck ist dreieckig.*

Aussagenverknüpfungen

Zweiwertigkeitsprinzip
(tertium non datur)

Eine prinzipielle Voraussetzung, die hinsichtlich Aussagen getroffen wird, ist das Zweiwertigkeitsprinzip: Jede Aussage ist entweder wahr (W) oder aber falsch (F).

Konjunktion, logisches **Und** $\wedge$

p	q	$p \wedge q$
W	W	W
W	F	F
F	W	F
F	F	F

Sind nun A und B Aussagen, dann ist mit $A \wedge B$ diejenige zusammengesetzte Aussage beschrieben, die dann und nur dann wahr ist, wenn sowohl A als auch B wahr sind. Die nebenstehende Tabelle, in der W bzw. F jeweils für die Wahrheitswerte „wahr" und „falsch" stehen, beschreibt die Wahrheitsfunktion, die diese Verknüpfung aus logischer Sicht charakterisiert. Die so definierte Verknüpfung wird Konjunktion genannt, oft nennt man auch den mit ihrer Hilfe gebildeten zusammengesetzten Ausdruck nach der Verknüpfung, spricht also auch von $A \wedge B$ als einer Konjunktion. Man sieht leicht ein, dass das deutsche „und" im Regelfall ein typischer natürlichsprachiger Vertreter dieser Verknüpfung ist. Schon aus stilistischen Gründen gebraucht man nicht immer „und", um eine Konjunktion auszudrücken, und nicht jedes „und" wird im Sinne einer Konjunktion verwendet.

A6 Nennen Sie weitere natürlichsprachige Ausdrücke, mit deren Hilfe Konjunktionen gebildet werden können!

Eine elementare Feststellung bezüglich der Konjunktion ist nun, dass nachstehendes Schlussschema korrekt ist:

$$\frac{p \wedge q}{p}$$

gelesen: *Von „p und q" kann man auf „p" schließen.*

Das kann auch nicht anders sein, aus der Wahrheitstabelle für die Konjunktion ist ersichtlich, dass, immer wenn die Prämisse wahr ist, auch die Konklusion wahr ist. Wir gebrauchen diese Schlussfigur, ohne darüber nachzudenken; wegen ihrer elementaren Einfachheit ist dies nur zu verständlich.

A7 Warum tut man gut daran, diese Schlussregel auf die Prämisse *Anna und Maria sind Schwestern* nicht anzuwenden?

Eine weitere Verknüpfung zweier Aussagen ist die Disjunktion $A \vee B$, welche wieder als Funktion der Wahrheitswerte der Teilaussagen und A und B definiert ist: $A \vee B$ ist diejenige Aussage, die genau dann wahr ist, wenn wenigstens eine der beiden Teilaussagen wahr ist. Das einschließende „oder" ist Repräsentant dieser Verknüpfung im Deutschen. Natürlich kann man auch für das ausschließende „oder" eine entsprechende Verknüpfung definieren, wir werde jedoch sehen, dass eine solche Festlegung entbehrlich ist.

Disjunktion, logisches **Oder** ∨ (vel)

p	q	$p \vee q$
W	W	W
W	F	W
F	W	W
F	F	F

Unentbehrlich ist eine weitere Wahrheitsfunktion, die nicht im eigentlichen Sinne eine Verknüpfung ist, da sie nicht zwei Sätze miteinander verbindet, sondern aus einer Aussage eine andere mit dem entgegengesetzten Wahrheitswert bildet. Mit $\neg A$ bezeichnet man diejenige Aussage, die genau dann wahr ist, wenn A falsch ist, die also stets den gegenteiligen Wahrheitswert zu A hat. Die entsprechende Operation heißt Negation. Natürlichsprachige Repräsentanten der Negation

Negation, logisches **Nicht**

p	$\neg p$
W	F
F	W

sind alle diejenigen sprachlichen Ausdrücke, die geeignet sind, einen Satz in sein „Gegenteil" zu wandeln, also „nicht", „kein" u.a. So ist z.B. der Satz *Keine Katze hat zwei Schwänze* die Negation von *Wenigstens eine Katze hat zwei Schwänze.*

Aus dem bisher Gesagten wird schon deutlich, dass wir für Aussagen bzw. Sätze, so wie sie hier auftreten, stets voraussetzen, dass sie entweder wahr oder falsch sind, dass ihnen also genau einer der beiden Wahrheitswerte zukommt. Dabei ist unwichtig, ob wir auch in der Lage sind, dem Satz einen konkreten Wahrheitswert zuzuordnen.

A8 Wie vereinbart sich mit dem gerade beschriebenen Zweiwertigkeitsprinzip die (offensichtliche) Wahrheit der folgenden beiden Sätze:

(A) *Das vorletzte Wort dieses Satzes ist ein Artikel.*
(B) *Das vorletzte Wort dieses Satzes ist kein Artikel.*

Des Weiteren wird deutlich, dass der Wahrheitswert die *einzige* Charakteristik eines Satzes ist, welche für die Bestimmung der Funktionsweise der logischen Operatoren herangezogen wird.

tertium non datur oder Satz vom ausgeschlossenen Dritten
$A \vee \neg A$, das ist hier die Frage ...

Satz vom ausgeschlossenen Widerspruch

A	$\neg A$	$A \vee \neg A$	$\neg(A \wedge \neg A)$
W	F	W	W
F	W	W	W

Mit Hilfe von Negation und Disjunktion können wir bereits ein elementares logisches Gesetz in eine formale Form bringen, es ist nämlich jeder Satz der Form $A \vee \neg A$ stets wahr, ganz unabhängig davon, für welchen Satz A steht und welchen Wahrheitswert dieser hat. Mit Negation und Konjunktion lässt sich ein weiteres logisches Gesetz darstellen, der Satz vom ausgeschlossenen Widerspruch: Ein Satz der Form $A \vee \neg A$ ist stets falsch, damit ist stets wahr: $\neg(A \wedge \neg A)$.Natürlich bräuchte es keine formale Sprache, um diese beiden logischen Gesetze einzusehen und angemessen zu formulieren. Wir sind jedoch auch auf Einsicht in komplexere logische Zusammenhänge angewiesen, die sich in einer natürlichen Sprache nur schwer formulieren lassen.

Zwei weitere Verknüpfungen werden häufig gebraucht. Als Implikation $A \rightarrow B$ wird diejenige logische Verknüpfung bezeichnet, die einen Satz bildet, der stets wahr ist, wenn der erste Teilsatz falsch oder der zweite Teilsatz wahr ist. Auch wenn es nicht ganz offensichtlich ist, diese Verknüpfung beschreibt die Wahrheitsfunktion von Bedingungssätzen der Form *Wenn A, dann B.* Solche Sätze sind falsch, wenn die Bedingung *A* gegeben (wahr) ist und die Konsequenz (also *B*) falsch ist. In den anderen denkbaren Fällen ist ein solcher Satz nicht falsch, also nach dem Zweiwertigkeitsprinzip wahr. Die zuvor beschriebene Beschränkung allein auf die Wahrheitswerte der Sätze hat einen unangenehmen, aber tolerierbaren Nebeneffekt. So ist jede Implikation wahr, deren Bedingung falsch ist oder deren Konsequenz wahr ist, unabhängig davon, ob zwischen den beiden Sätzen ein inhaltlicher Zusammenhang besteht. So ist es etwa im Fall des Satzes *Wenn Weihnachten immer auf einen Sonntag fällt, so sind alle Bürger stets gesetzestreu.* Dieser ist wahr, nur weil die Bedingung falsch ist, ungeachtet dessen, dass wir ihn kaum äußern würden, weil zwischen Bedingung und Konsequenz kein Zusammenhang erkennbar ist. Aber wir sollten hier (wie auch in anderen Fällen) Wahrheits- und Äußerungsbedingungen sauber unterscheiden.

Implikation, **wenn …, dann …** $\rightarrow$

p	q	$p \rightarrow q$
W	W	W
W	F	F
F	W	W
F	F	W

Ex falsum quodlibet:
Aus Falschem (folgt) Beliebiges.

Die Implikation beschreibt also Bedingungssätze, die man auch so wiedergeben könnte: Ist $A \rightarrow B$ wahr, so gilt: *A ist hinreichende Bedingung für B* oder auch *B ist notwendige Bedingung für A.*

Die letzte Verknüpfung, die hier eingeführt werden soll, ist die beiderseitige Implikation, auch Äquivalenz genannt. Sie wird durch $A \leftrightarrow B$ dargestellt, ihre Wahrheitsfunktion entspricht der einer notwendigen und hinreichenden Bedingung. Natürlichsprachige Repräsentanten dieser Verknüpfung sind *genau dann, wenn* bzw. *dann und nur dann, wenn*. Natürlich ließe sich diese letzte Verknüpfung durch $(A \rightarrow B) \wedge (B \rightarrow A)$ gleichwertig darstellen, allein die Tatsache, dass man in der Wissenschaft (insbesondere auch in der Mathematik) sehr häufig notwendige und hinreichende Bedingungen formuliert, veranlasst uns, diese Verknüpfung hier aufzunehmen. Generell gilt, dass sich mit Hilfe der hier festgelegten Verknüpfungen jede Wahrheitsfunktion darstellen lässt. Diese Behauptung sei hier nur illustriert

Äquivalenz
… genau dann, wenn … $\leftrightarrow$

p	q	$p \leftrightarrow q$
W	W	W
W	F	F
F	W	F
F	F	W

am Beispiel des ausschließenden oder (*entweder … oder*), dieses lässt sich nämlich u. a. durch $A \leftrightarrow \neg B$ resp. durch $(A \vee B) \wedge \neg(A \wedge B)$ formal erfassen.

Tautologien – Gesetze der Aussagenlogik

Wie schon an wenigen Beispielen gezeigt, lassen sich in dieser Sprache Gesetze der Aussagenlogik (auch Tautologien genannt) erfassen, neben dem Satz vom ausgeschlossenen Widerspruch oder dem tertium non datur solche Gesetze wie $\neg\neg A \leftrightarrow A$, aber auch weitaus komplexere. Das Kriterium hierfür ist einfach, es genügt festzustellen (in einer Tabelle), dass der entsprechende Ausdruck bei beliebiger Verteilung der Werte W und F auf die elementaren Bestandteile des Ausdrucks stets den Wert wahr annimmt.

Wir sind hier jedoch weniger an diesen logischen Einsichten interessiert, von ungleich größerem Interesse ist die Rechtfertigung bestimmter Schlussweisen.

Zunächst ein Beispiel. Eine der elementaren logischen Schlussregeln ist der bereits erwähnte modus tollens, das ist die Regel

$$\begin{array}{l} \neg B \\ A \rightarrow B \\ \hline \neg A \end{array}$$

A	B	$\neg B$	$A \rightarrow B$	$\neg A$
W	W	F	W	F
W	F	W	F	F
F	W	F	W	W
F	F	W	W	W

Unzweifelhaft bedienen wir uns dieser Regel, meist ohne uns auch nur dessen bewusst zu werden. Sie ist natürlich korrekt, denn wenn die Ausdrücke $A \rightarrow B$ wie auch $\neg B$ gleichzeitig wahr sind, so kann $\neg A$ nicht falsch sein. Nichts anderes verlangen wir aber von einem korrekten oder logisch gültigem Schlussschema.

Ein einfaches Kriterium für die Gültigkeit von Schlüssen

Sind $P_1, P_2, \ldots, P_n$ die Prämissen eines Schlussschemas, K die entsprechende Konklusion, so gilt: Ein Schlussschema ist genau dann korrekt, wenn $(P_1, P_2, \ldots, P_n) \rightarrow K$ ein logisches Gesetz (eine Tautologie) ist.

Wichtige Schlussregeln

Hier ist eine (höchst unvollständige) Liste gebräuchlicher logisch gültiger Schlussschemata:

$$\begin{array}{l} A \to B \\ B \to C \\ \hline A \to C \end{array}$$

Kettenschluss

$$\begin{array}{l} \neg B \\ A \to B \\ \hline \neg A \end{array}$$

Modus tollens

$$\begin{array}{l} A \to C \\ B \to C \\ A \lor B \\ \hline C \end{array}$$

Zusammengesetzter Syllogismus, Fallunterscheidung

$$\begin{array}{c} A \to C \\ \hline \neg C \to \neg A \end{array}$$

Kontraposition

$$\begin{array}{l} \neg B \\ A \lor B \\ \hline A \end{array}$$

Disjunktiver Syllogismus

Diese Liste kann man problemlos fortsetzen, hier sind nur die gebräuchlichsten (korrekten) aussagenlogischen Regeln aufgeführt. Insbesondere kann man auch wesentlich komplexere Schlussschemata rechtfertigen.

Häufig macht man auch von einer der folgenden Schlussfiguren Gebrauch

„Logische Zahnschmerzen"

$$\begin{array}{c} B \\ A \to B \\ \hline A \end{array} \qquad \begin{array}{c} \neg A \\ A \to B \\ \hline \neg B \end{array}$$

Doch Vorsicht, keine der beiden Regeln ist korrekt in dem von uns festgelegten Sinne! Ein Beispiel mag dies illustrieren.

Sicher gilt, dass man, wenn man Zahnschmerzen hat, den Zahnarzt aufsuchen sollte. Wenn nun die Zähne nicht schmerzen, so kann man daraus keinesfalls schließen, dass der Besuch beim Zahnarzt entbehrlich ist!

Für die Nichtkorrektheit des ersten Schemas sei noch einmal an den „falschen Pythagoras“ erinnert.

A	B	$B \wedge (A \rightarrow B) \rightarrow A$
W	W	W
W	F	W
F	W	**F**
F	F	W

Dass diese beiden letzten Schlussschemata nicht korrekt sind, kann man auch zeigen, indem man jeweils eine Tautologieprüfung vornimmt: In der Tat ist $B \wedge (A \rightarrow B) \rightarrow A$ keine Tautologie. Dies allein genügt, um einen Schluss zu verwerfen. Dennoch ist der Nachweis der Nichtkorrektheit über ein geeignetes (strukturgleiches) Gegenbeispiel nicht zu unterschätzen. Dieses Verfahren funktioniert nämlich auch dann, wenn die Analyse nicht explizit mit einer formalen Sprache unterlegt ist.

Ein Beispiel mag dies illustrieren:

Wale sind Säugetiere.
Kein Fisch ist ein Wal.

Kein Fisch ist ein Säugetier.

Zweifellos sind Prämissen wie auch Konklusion dieses Schlussbeispiels wahr. Dennoch handelt es sich nicht um einen logisch korrekten Schluss, wie folgende Variante des Schlusses zeigt:

Katzen sind Säugetiere.
Kein Hund ist eine Katze.

Kein Hund ist ein Säugetier.

Prädikatenlogik

Wenn es jedoch darum geht, ein Schlussverfahren zu rechtfertigen, so sind formale Verfahren unabdingbar. Erweitert man die Analyse auf die innere Struktur von Sätzen und Quantoren (*alle, kein, wenigstens ein* u. ä.), so kann man mehr Schlussverfahren analysieren und gegebenenfalls auch als korrekt nachweisen. Diese Analyse wird auch Prädikatenlogik genannt. In diesem Buch werden prädikatenlogische Schlussweisen „naiv“ genutzt, wie dies etwa in den einleitenden Beispielen erfolgte. Der interessierte Leser sei auf einschlägige Literatur verwiesen.

Siehe dazu im Literaturverzeichnis

Es sind nun wenigstens zwei Arten der Verletzung logischer Regeln denkbar:

1. Das zugrunde liegende Schlussschema ist nicht korrekt.
2. Der vorliegende Schluss wird nicht angemessen auf ein Schlussschema reduziert.

Beispiele hierfür sind die „dreischwänzige" Katze (s. die Lösung zu Aufgabe 2, aber auch das folgende:

Nur vernunftbegabte Wesen können rechnen.
Taschenrechner können rechnen.
———
Taschenrechner sind vernunftbegabt.

Das Schema

Nur A's sind B's .
C's sind B's.
———
C's sind A's.

hält einer logischen Überprüfung stand, aber das vorhergehende Beispiel beruht nicht auf diesem Schema. Denn im ersten Satz (*Nur vernunftbegabte Wesen können rechnen.*) wird Rechnen im Sinne einer Verstehen voraussetzenden Handlung gebraucht, im zweiten ist gerade ein Verstehen ausgeschlossen, hier meint Rechnen das „mechanische" Ausführen von bestimmten Manipulationen mit Zahlzeichen. Wir haben also einen Schluss nach dem Schema

Doch Vorsicht ist angesagt! Wir haben damit nicht gezeigt, dass Taschenrechner nicht vernunftbegabt sind. Gezeigt wurde nur, dass die oben angeführte Argumentation nicht schlüssig, also nicht korrekt ist.

Nur A's sind B's .
C's sind D's.
———
C's sind A's.

welches offensichtlich nicht zu rechtfertigen ist. Der hier begangene Fehler wird auch Äquivokation genannt, ein Wort wird innerhalb eines Schlussbeispiels in verschiedenen Bedeutungen verwendet.

Äquivokation

Beine sind zum Laufen da.
Tische haben Beine.
Also können Tische laufen.

Hauptanliegen unseres Exkurses in die Logik war es, allgemeine, für alle Anwendungsgebiete gültige Regeln für den Übergang von Voraussetzungen (Prämissen) zu einer Schlussfolgerung (Konklusion) aufzuzeigen, die wahrheitserhaltend sind. Denn diese garantieren bei wahren Prämissen stets eine wahre Konklusion. Dabei sei noch einmal darauf verwiesen, dass die Wahrheit der Prämissen oder die Wahrheit der Konklusion keine Garantie für die Gültigkeit des Schlusses ist. Man kann die Situation vielleicht mit dem Kauf eines Zugtickets bei einer (absolut verlässlichen) Bahngesellschaft vergleichen. Wenn Sie ein Ticket von *A* nach *B* kaufen, so sind Sie noch nicht in *B* angekommen. Erst müssen Sie den richtigen Zug in *A* oder einem anderen Haltepunkt zwischen *A* und *B* besteigen, dann bringt sie die Bahn an Ihr Ziel.

Wie wahr:
Wenn der Hahn kräht auf dem Mist, so ändert sich das Wetter oder es bleibt, wie es ist.

Die Funktion funktioniert oder nicht.
$A \rightarrow (B \vee \neg B)$
Die Aussage ist wahr, enthält aber keine Information.

Ein wichtiger Nebeneffekt des Exkurses soll nicht unerwähnt bleiben. Ganz nebenbei haben wir besondere Wahrheiten kennen gelernt, logische Wahrheiten. Dies sind etwa Sätze der Form $A \vee \neg A$, $\neg (A \vee \neg A)$, $A \rightarrow A$, *Wenn nicht alle Dinge A sind, so ist wenigstens ein Ding ein Nicht-A* u. a. Sie sind formaler Ausdruck der von uns gemachten Voraussetzungen bezüglich der Wahrheitswerte von Aussagen und der verwendeten Satzverknüpfungen. Den Informationsgehalt von Sätzen, die auf logischen Wahrheiten basieren (die also die Struktur von logischen Gesetzen haben), illustriert die Redewendung *Wenn der Hahn kräht auf dem Mist, so ändert sich das Wetter oder es bleibt, wie es ist* (Hier $A \rightarrow (B \vee \neg B)$). Das mag desillusionierend klingen, sagt aber eigentlich nur, dass die Anwendung logischer Wahrheiten nichts an zusätzlichen Informationen einbringt. Wenn es darum geht, das (und nur das) zu extrahieren (zu explizieren), was in Voraussetzungen gegeben ist, so ist gerade dieser Effekt dringend erwünscht. Wenn wir also nachweisen wollen/müssen, dass etwas aus gegebenen Voraussetzungen folgt, so geht es eigentlich immer auch darum, zu zeigen, dass die Behauptung **allein** aus diesen Voraussetzungen folgt.

Die Mehrzahl der alltäglich von uns vollzogenen Schlüsse ist in diesem Sinne unvollständig; triviale oder als selbstverständlich vorausgesetzte Prämissen werden weggelassen. Solche Schlussbeispiele werden auch Enthymeme genannt. Für die logische Analyse ist es jedoch wünschenswert, die Prämissen erst zu vervollständigen und dann den Schluss auf logische Korrektheit zu untersuchen. Dies ist in wissenschaftlichen Kontexten unverzichtbar, gelegentlich aber auch im alltäglichen Gebrauch von Nutzen. Wenn uns etwa jemand weismachen will, Hans sei glücklich, denn er habe die Frage, ob er unglücklich sei, definitiv verneint, so ist unterstellt, das jedermann nur glücklich oder unglücklich sein könne. Die Erfahrung lehrt, dass diese (versteckte) Prämisse nicht zu halten ist.

ἐνθύμημα (= d. Erwogene, Überlegte, Gedanke)

Enthymeme – verkürzte Schlüsse

↳ Wahrscheinlichkeitsschluß, bei dem eine Prämisse fehlt, aber in Gedanken zu ergänzen ist

Alle Menschen sind sterblich.

Also ist Zeus kein Mensch.

1.4 Logik ist nicht alles …

… aber ohne Logik ist jede Beweisführung wertlos. Und auch Argumentationen, denen es an logischer Schlüssigkeit mangelt, sind wenig überzeugend.

Ein Beweis, der nicht streng ist, ist nichts.
HENRI POINCARÉ

Dass dies so ist, bedarf kaum einer besonderen Begründung. Es ist nicht auszuschließen, dass die zu begründende These oder die zu beweisende Behauptung wahr ist, aber zwingende Gründe dafür, dass sie wahr ist, wurden nicht angeführt. Gerade um diese aber geht es – und die Regeln der Logik bieten genau diese Garantie.

Nun sind aber die oben angeführten Regeln oftmals so trivial, so selbstverständlich, dass man sie anwendet, ohne weiter darüber nachzudenken. Das ist wohl in Ordnung, birgt aber die Gefahr, dass man Schlussweisen Gültigkeit zugesteht, die nur dem Anschein nach korrekt sind. Beispiele solcher (absichtlich) irreführenden Schlussweisen nennt man auch Sophismen. Ein antiker Sophismus lautet: *Was du nicht verloren hast, besitzt du. Hörner hast du nicht verloren. Also hast du Hörner.* Aber auch in neuerer Zeit finden sich zahlreiche Beispiele. Unter Schülern erfreut sich – besonders vor Klassenarbeiten – der folgende Sophismus großer Beliebtheit:

Sophismen σόφισμα = Trugschluß, Scheinbeweis

Andere Beispiele antiker Sophismen findet man in den Aufgaben 42 und 43 in Kapitel 3.

Je mehr man lernt, um so mehr weiß man.
Je mehr man weiß, um so mehr vergisst man.
Je mehr man vergisst, um so weniger weiß man.
Also, je mehr man lernt, um so weniger weiß man.
Wozu dann noch lernen?

Demagogisch, aber nicht logisch: *Wer nicht für uns ist, der ist gegen uns.*

Doch ungeachtet seiner Beliebtheit wird er dadurch nicht überzeugender. Politische Akteure (besonders solche, die autoritär denken und handeln) versteigen sich gelegentlich auf die Behauptung *Wer nicht für uns ist, der ist gegen uns.* Doch nur schlichte Gemüter finden diese Überlegung logisch zwingend.

Die Erörterung von Sophismen ist alles andere als eine nutzlose Beschäftigung. Die Kenntnis der Fallen, in die man tappen kann, sei es, dass andere sie aufgestellt haben, sei es, dass man sich selbst ein Bein gestellt hat, kann davor bewahren, erneut einen solchen Fehler zu begehen.

Im Allgemeinen hat man jedoch selten mit Sophismen zu tun. Wenn aber die Schlussweisen so einfach und so leicht einzusehen sind wie die im Abschnitt 1.3 beschriebenen, wie kommt es überhaupt zu Fehlschlüssen?

Die Gründe hierfür sind vielfältiger Natur.

Die Wahrheit ist so zerbrechlich, dass es reicht, sich nur ein kleines Stück von ihr zu entfernen, um schwere Fehler zu begehen.
BLAISE PASCAL

Ein erster Grund ist darin zu sehen, dass Beweise in der Mathematik ziemlich komplexer Natur sind. Manche Beweise erstrecken sich über eine ganze Abhandlung. Sie reduzieren sich nicht auf ein oder zwei Schlussregeln, sondern sie bewegen sich in vielen kleinen (mehr oder weniger einfachen) Schritten von den Voraussetzungen zur Behauptung. Die elementaren Schlussweisen sind gleichsam nur die Atome des Beweisens. Auch werden die Schlussregeln, von denen man Gebrauch macht, selten benannt, zudem finden Definitionen und bereits bewiesene Behauptungen („Sätze") Eingang in den Beweis. Oft ist es auch so, dass mehrere kleine Schritte in einem „wie man leicht sieht" zusammengefasst werden, eine bei Mathematikern sehr beliebte systematische Untertreibung. Und sollte sich irgendwo auch nur ein einziger kleiner Fehler eingeschlichen haben, so verliert die ganze Konstruktion ihre Beweiskraft. So ist es nicht erstaunlich, dass sich immer wieder Fehler eingeschlichen haben, dies sogar bei herausragenden Mathematikern. „Die Fehlersuche", schrieb Hugo Steinhaus, „darf man nicht als Äußerung eines schlechten Geschmacks oder als Meckerei betrachten. Man darf nicht vergessen, dass es außerordentlich schwer ist, Fehler zu vermeiden. Sogar die hervorragendsten Mathematiker begingen Fehler, und es ist somit keine Schande Fehler zu begehen. Einen Fehler zu beseitigen, sooft wir das auch tun müssen, dient der Wissenschaft."

HUGO DIONIZY STEINHAUS (1887–1972) polnischer Mathematiker

Auch Philosophen sind vor solchen Fehlern nicht geschützt. So hat Immanuel Kant in einer sehr subtilen Argumentation zu beweisen versucht, dass unsere Welt die beste aller möglichen sei. Nun mag man diese Abhandlung mit der Bemerkung beiseite legen, dass sie ja offensichtlich fehlerhaft sein müsse, eine solche Behauptung könne man ohnehin nicht beweisen. Der Fehler aber, den Kant beging, ist nicht nur lehrreich (er verwechselte Supremum und Maximum einer Menge), er ist auch eines großen Geistes würdig und unterläuft gelegentlich auch heute noch Anfängern im Mathematikstudium.

IMMANUEL KANT (1724–1804) deutscher Philosoph Versuch einiger Betrachtungen über den Optimismus (1759)

Supremum – kleinste obere Grenze einer Menge; das S. muss nicht zwangsläufig zu dieser Menge gehören.

Ein weiterer wichtiger Grund für das Auftreten von Fehlern ist darin zu sehen, dass es zwei völlig verschiedene Dinge sind, einen Beweis zu finden und einen Beweis zu präsentieren. Das Finden eines Beweises ist keine mechanische Prozedur. Nur in den seltensten Fällen kann man durch Ausprobieren verschiedener Schlussregeln in verschiedener Reihenfolge einen Beweis erzeugen. Hier kommt es auf eine gehörige Portion Erfahrung und Intuition an, man geht gelegentlich induktiv vor, um die zu beweisende Behauptung aufzustellen. Die Präsentation eines Beweises dagegen ist mehr oder weniger kanonisiert, er sollte (zumindest prinzipiell) in nachvollziehbarer Form einen deduktiv schlüssigen Weg von den Voraussetzungen zu der zu beweisenden Behauptung aufzeigen. Dies geschieht, der besseren Lesbarkeit halber, in halbformaler Art, man bedient sich dabei über weite Strecken der natürlichen anstelle einer formalen Sprache.

Man muss einen mathematischen Beweis erraten, ehe man ihn beweist, man muss die Idee eines Beweises haben, ehe man die Einzelheiten durchführt.
GEORGE PÓLYA

Beim Finden eines Beweises ist manchmal der Wunsch „Vater des Gedankens", im schlimmsten Fall setzt man sogar das zu Beweisende (oder eine stärkere Behauptung) voraus, dann aber gelangt man selbstredend auf schlüssige Weise zur Behauptung. Solche Schlüsse heißen Zirkelschlüsse und sind natürlich zurückzuweisen, weil nutzlos. Doch selbst wenn man Zirkel im Beweis vermeidet, kann es doch geschehen, dass man bei der Darstellung des Beweises Unbewiesenes, scheinbar Offensichtliches (aber nicht explizit Vorausgesetztes) einbringt. Auch dies nimmt einem Beweis seine demonstrative Kraft.

circulus vitiosus

Ein weiterer Grund für das Auftreten von Fehlern in Beweisführungen besteht darin, dass die Logik nur die allgemeinen Schlussweisen bereitstellt, für einzelne Teilgebiete kommen unter Umständen theoriespezifische Schlussweisen hinzu. So greift man etwa, wenn die Rede von natürlichen Zahlen ist, oft auf die bereits erwähnte vollständige Induktion zurück. Handelt es sich um Beweise aus der Arithmetik, so kommen selbstverständlich Rechenregeln zur Anwendung, bei Beweisen aus der Geometrie gängige Transformationen (Spiegelung, Verschiebung u. ä.). Vorsicht ist jedoch geboten, wenn man etwa Umformungsregeln von einem Gebiet auf ein anderes überträgt, wo diese nicht mehr gültig sind. Hier ist der Verweis angebracht, dass nur die Schlussweisen der Logik (im engeren, hier beschriebenen Sinn) universell, andere aber theoriespezifisch sind. Für eine Theorie der Ordnungsrelationen (größer als, langsamer als u. a.) etwa ist die Transitivität der Relation eine selbstverständliche Voraussetzung. Dieses Prinzip wird dann auch gern zur „Logik" der Größer-als-Relation gerechnet. Ein solch laxer, eher umgangssprachlicher Gebrauch von „Logik" verleitet oft zu einer ungerechtfertigten Übertragung dieses Prinzips. Auch die Relation „ist Vorfahre von" ist transitiv, nicht aber die Relation „ist Vater von". Der inflationäre Gebrauch von „Logik" spiegelt sich auch in den Medien. Man liest von einer „Logik des kalten Krieges" oder einer „Logik der atomaren Abschreckung", einer „Logik der Globalisierung", einer „Logik der Vernunft" u. ä. Suggeriert werden soll damit, dass die dort explizit genannten

Vergleiche 3.2

Ein Beispiel:
Ist A größer als B, B wiederum größer als C, so ist auch A größer als C.

oder auch stillschweigend unterstellten Prinzipien so unerschütterlich seien wie die Gesetze der Logik. Das ist aber keineswegs so, vielmehr ist dringend Vorsicht beim Umgang mit diesen Prinzipien geboten.

Widersprüchliche Prämissen

Schließlich sei noch auf eine Gefahr hingewiesen, die bei der Analyse von Argumentationen oft übersehen wird.

Natürlich bietet ein logisch gültiger Schluss eine Garantie für die Wahrheit des Satzes, der in der Konklusion steht – falls die Prämissen wahr sind. Das gilt auch für jede Argumentation, für jede Beweisführung, die von wahren Voraussetzungen ausgeht.

Wenn man nun einen Schluss, einen Beweis oder eine Argumentation vorliegen hat, die von Voraussetzungen ausgehen, die offensichtlich nicht wahr sein können, etwa weil sie widersprüchlich sind, so interessieren im allgemeinen die Folgerungen daraus nicht sonderlich. Im Normalfall wird man sogar jemanden, der solche Voraussetzungen als gleichzeitig wahr ansieht, für nicht besonders kompetent halten.

Dienstags geht Anna schwimmen.
Anna schwimmt am Dienstag nie.

Also hat Anna Dienstags ein Problem.

Eine Besonderheit der hier beschriebenen logischen Analyse besteht nun aber darin, dass aus formalen Gründen jeder Schluss aus widersprüchlichen Prämissen logisch gültig, also korrekt ist. Aus widersprüchlichen Prämissen kann man jede Konklusion logisch korrekt ableiten. Angesichts dieses Umstands sollte man also eine Analyse von Argumentationen nicht nur auf die Korrektheit der verwendeten Schlüsse beschränken, sondern auch zeigen, dass die Voraussetzungen der Argumentation, die Prämissen des Schlusses nicht widersprüchlich sind.

A	B	$(A \wedge \neg A) \rightarrow B$
W	W	W
W	F	W
F	W	W
F	F	W

Diese Tatsache, dass aus widersprüchlichen Prämissen beliebiges folgt, wird oft zum Anlass genommen, formale Logik und die auf ihr basierenden Analysen abzuwerten. Das ist sicher unangemessen. Es sei darauf verwiesen, dass gerade diese Besonderheit der Logik es

ex contradictio sequitur quodlibet
Aus Widersprüchlichem folgt Beliebiges

ermöglicht, die Widersprüche in den Voraussetzungen offensichtlich zu machen. Man leitet aus diesen sowohl einen Satz H wie auch den Satz $\neg H$ ab und kann dann schließen, dass die Menge der Ausgangssätze widersprüchlich ist: Wäre sie es nicht, so müsste in einer Situation, in der alle vorausgesetzten Sätze wahr sind, sowohl der Satz H als auch der Satz $\neg H$ wahr sein. Da dies nicht sein kann, schließen wir darauf, dass die Menge der Voraussetzungen ebenfalls unter keinen Umständen wahr sein kann, also widersprüchlich ist. Gerade diese Überlegungen bilden das „Gerüst" indirekter Beweise, eines der wichtigsten Instrumentarien nicht nur der Mathematik, sondern auch vieler alltäglicher Argumentationen.

Siehe Abschnitt 3.2

1.5 Lösungen und Kommentare

A1 Die Argumente der Grinsekatze weisen überzeugend nach, dass sie kein Hund ist. Daraus (und aus der Prämisse, dass Hunde nicht verrückt sind) schließt sie nun, dass sie verrückt sei. Das ist etwa so überzeugend wie der Schluss *Katzen sind keine Hunde. Hunde sind Säugetiere. Also sind Katzen keine Säugetiere!*

A2 Oberflächlich betrachtet, scheint es sich um einen Schluss der Struktur

B ist besser als C.
A ist besser als B.
___
A ist besser als C.

zu handeln. Doch bei genauerem Hinsehen, stellt man fest, dass in den beiden Prämissen „Nichts" unterschiedlich verwendet wird. Präzise formuliert lauten sie *Es ist nicht so, dass es etwas gibt, was besser als Pfannkuchen ist und Trockenes Brot ist besser als gar kein Essen.* Dann wird aber deutlich, dass es sich bei vorliegendem Schluss nicht um eine Realisierung des obigen gültigen Schemas handelt.

Die Katze mit drei Schwänzen

Ein ganz ähnlicher Fall liegt vor in dem Beispiel

Keine Katze hat zwei Schwänze.
Eine Katze hat einen Schwanz mehr als keine Katze.
———
Also hat eine Katze drei Schwänze.

Sprachl. Fehlschlüsse aufgrund der Mehrdeutigkeit der Wörter

Bärte werden von Männern getragen.
Schlüssel haben Bärte.
Also sind Schlüssel Männer.

Hier hilft erneut der Verweis, dass unsere Sprache offensichtlich nicht eindeutig ist. Der erste Satz müsste korrekt formuliert werden: *Es gibt keine Katze mit zwei Schwänzen*, der zweite *Eine Katze hat einen Schwanz mehr als null Katzen*, wir gebrauchen also *keine* doppeldeutig, einmal als Verneinung der Existenz und das andere Mal numerisch, d. h., als Ersatz für Null. Ersetzt man aber die Sätze durch die entsprechend umformulierten, so entsteht nicht einmal mehr der Eindruck, dass es sich um eine Spielart des Kettenschlusses handelt und jeder Versuch, *kein* in beiden Voraussetzungen gleich zu verwenden, d. h. als Verneinung der Existenz oder aber numerisch, macht zwangsläufig die eine oder die andere der beiden Voraussetzungen falsch.

Wenn denn Beispiele eine „Moral" haben, dann sollten wir in diesem Fall formulieren: Man soll der natürlichen Sprache und der Vielfalt ihrer Ausdrucksmöglichkeiten nicht immer vertrauen.

… müssen wir uns doch hüten, in Abhängigkeit von der Sprache zu geraten; denn sehr viele Denkfehler haben ihren Grund in logischen Unvollkommenheiten der Sprache.
GOTTLOB FREGE

A3 Es genügt der Verweis auf das eingangs angeführte Schema

(Alle) B's sind C's.
(Alle) A's sind B's.
———
Also sind (alle) A's auch C's.

Man muss nicht wissen, was Metaben und Syrbenen sind, auch nicht, was Sitotrophie ausmacht, und damit auch nicht, ob Prämissen und Konklusion wahr oder falsch sind. Das ist insbesondere dann wichtig, wenn wir aus hypothetischen Sätzen schließen.

A4 Das in der Begründung angeführte Schlussschema hat die Struktur

Wenn A, dann B.
Nun gilt B.

Also gilt A.

Dieser Schluss ist aber nicht korrekt, wie das folgende Beispiel zeigt: Alle Zahlen, die durch sechs teilbar sind, sind auch durch drei teilbar. Die Zahl 15 ist durch drei teilbar. Also ist 15 auch durch sechs teilbar.

Pythagoras II:
Gilt in einem Dreieck für die Seitenlängen $a^2 + b^2 = c^2$, so ist dieses rechtwinklig.

Natürlich gilt für den Satz des Pythagoras auch die Umkehrung: Ist in einem Dreieck das Quadrat über der einen Seite gleich der Summe der Quadrate über den beiden anderen Seiten, so ist dieses Dreieck rechtwinklig. Das ist aber ein eigenständiger Satz mit einem eigenständigen Beweis. Oft findet sich aber selbst in elementaren Mathematiklehrbüchern der Satz des Pythagoras in der traditionellen Form mit einem anschließenden Verweis auf die Gärtnerkonstruktion.

A5 So erstaunlich es auch aussehen mag, man kann aus den beiden Prämissen schließen, wo Martin sein muss. Man muss lediglich hinzufügen, dass Martin, wie jeder andere auch, nicht an zwei Orten gleichzeitig sein kann.

Martin ist in der Mensa!

Nehmen wir an, Martin sei in der Vorlesung. Dann ist er nicht im Studentenklub (denn er kann nicht an zwei Orten gleichzeitig sein). Dann ergibt sich aber aus der zweiten Prämisse nach dem modus tollens, dass er in der Mensa sein muss. Also wäre er in diesem Fall in der Vorlesung und gleichzeitig in der Mensa, was nicht sein kann. Also müssen wir die Annahme, er sei in der Vorlesung verwerfen. Dann ist er nicht in der Vorlesung und somit (erste Prämisse) in der Mensa.

Genau genommen, müssten wir noch prüfen, ob die Prämissen dieses Schlusses nicht widersprüchlich sind (Vergleiche Abschnitt 1.4).

Man beachte aber, dass wir hier die Prämissen wortwörtlich genommen haben. Es ist durchaus denkbar, dass man die beiden Prämissen so versteht: *Wenn Martin nicht in der Vorlesung ist, so sitzt er in der Mensa. Wenn er auch dort nicht ist, so ist er im Studentenklub.* Das aber ist schon eine andere Aufgabe.

A6 Solche Ausdrücke sind „sowie", „auch", „ , " „aber" u. ä. Damit ist nicht gesagt, dass man diese beliebig anstelle von „und" einsetzen kann (oft sprechen schon stilistische Gründe dagegen). Aus der Sicht einer logischen Verknüpfung aber haben diese Ausdrücke dieselbe wahrheitsfunktionale Charakteristik. Selbst der Satz *Er geht ins Theater, wenn auch ungern* stellt eine Konjunktion (und nicht etwa einen Bedingungssatz) dar, er ist genau dann wahr, wenn beide Teilsätze wahr sind.

A7 Im Unterschied zu dem Satz *Anna und Maria sind Krankenschwestern*, bei dem es sich zweifellos um eine Konjunktion der beiden Sätze *Anna ist Krankenschwester* und *Maria ist Krankenschwester* handelt, ist in dem fraglichen Satz keine Aufzählung vorgenommen worden. Es wurde gerade nicht den beiden Personen Anna und Maria eine Eigenschaft zugesprochen. Vielmehr wird hier eine Beziehung zwischen den beiden Personen beschrieben, das *und* dient nicht der Aufzählung im eigentlichen Sinne.

A8 Dieses Beispiel geht auf B. Bolzano zurück. Es scheint in der Tat dem Zweiwertigkeitsprinzip zu widersprechen, beide Sätze sind offensichtlich wahr!

Bernhard Bolzano (1781–1848) Philosoph, Theologe und Mathematiker

Nur ist der Satz (B) *Das vorletzte Wort dieses Satzes ist kein Artikel* nicht die Negation des Satzes (A) *Das vorletzte Wort dieses Satzes ist ein Artikel*. Jeder der Sätze nimmt nämlich ausdrücklich auf sich selbst Bezug. Die korrekte Negation von Satz (A) müsste lauten: *Das vorletzte Wort des Satzes (A) ist kein Artikel.*

Problem: Selbstbezüglichkeit

2 Mathematische Debakel

2.1 Unglaubliches und die Hintergründe

Man darf nicht das, was uns unwahrscheinlich und unnatürlich erscheint, mit dem verwechseln, was absolut unmöglich ist.
CARL FRIEDRICH GAUSS

Für die nachfolgenden Aufgaben ist charakteristisch, dass in ihnen funktionale Abhängigkeiten eindeutige, wenn auch sehr überraschende Ergebnisse liefern. Ein Beispiel mag das verdeutlichen.

Zum Kugeln

A1 Bei Ihrem letzten Besuch im Fitness-Studio haben Sie überlegt, wie lang wohl ein Seil ist, das straff um den „Äquator" eines Gymnastikballs gespannt wird. Nehmen wir an, dass dieser Ball einen Durchmesser von genau einem Meter hat. Man verlängert nun dieses ca. 3 m lange Seil um einen Meter und legt es wieder um die Kugel, wobei man dafür Sorge trägt, dass es überall gleichmäßig von der Oberfläche absteht. Kann eine Maus unter dem Seil durchlaufen?

Mäuse am Äquator

A2 Man stelle sich nun vor, dass um den Äquator unserer Erde ein Stahlseil gespannt ist, so, dass es überall auf der Oberfläche anliegt. Wie wir wissen, ist dieses Seil ca. 40 000 km lang. Nun sei wieder ein Stück von 1 m eingefügt worden und das Stahlseil möge überall gleichmäßig von der Oberfläche abstehen. Kann auch in diesem Fall eine Maus unter dem Seil durchlaufen?

Auch Elefanten?

A3 Geben wir der Maus eine echte Chance. Deshalb ändern wir die Bedingungen nun wie folgt. Das Seil in der vorherigen Aufgabe sei nun so gespannt, dass es an einem Punkt straff nach oben gezogen wird und ansonsten wieder glatt an der Oberfläche anliegt. Die Frage mit der Maus scheint jetzt trivial. Aber könnte nun ein Elefant unter dem Seil durchgehen (ohne es zu berühren)?

A4 Diesmal möge unser Stahlseil zunächst straff am Äquator anliegen. Durch die globale Erwärmung steigt die Temperatur um ein Grad. Danach soll das Stahlseil wieder so positioniert werden, dass es gleichmäßig von der Oberfläche absteht. Hat der Elefant jetzt eine Chance (der Ausdehnungskoeffizient für das Stahlseil sei der Einfachheit halber mit 10^{-5} pro Grad angenommen)?

In den vorhergehenden Aufgaben könnte man die Frage auch nach der relativen Verlängerung bzw. Verkürzung des Seiles stellen, gerade die letzte Aufgabe nimmt ja ausdrücklich darauf Bezug. Der Wärmeausdehnungskoeffizient sagt schließlich nicht anderes, als dass sich unser Stahlseil im fraglichen Fall um ein tausendstel Prozent der ursprünglichen Länge ausdehnt.

Wie gewöhnungsbedürftig der Umgang mit relativen Größen (und genau das sind ja Prozente) ist, davon handeln die folgenden Aufgaben.

Noch mehr Seiltricks

A5 Ein 8 m langes Seil sei in einer Ebene gespannt und werde um zwei Meter verlängert. Nun heben Sie dieses Seil in der Mitte an und straffen es. Wird Ihr Arm ausreichen oder werden Sie auf einen Stuhl steigen müssen?

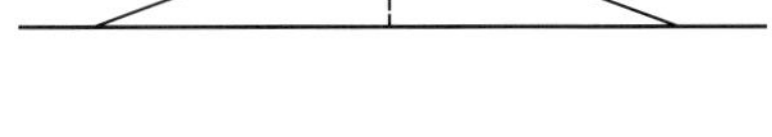

A6 Das ursprüngliche Seil sei nun 8 km lang. Wieder wird es um zwei Meter verlängert und in der Mitte straff angehoben. Wird eine

Maus unter diesem Seil durchkriechen können? Bevor Sie die (einfache) Berechnung vornehmen, sollten Sie erst einmal ganz unbefangen schätzen!

A7 Vergleichen Sie in beiden Aufgaben die Steigungen in Prozent, dann wird Ihnen auch die folgende Entscheidung nicht schwer fallen. Beim Bau einer ICE-Trasse stehen die Bauplaner vor einer Entscheidung. Genau auf der geplanten Strecke liegt ein Hügel, der sich 89 m über dem sonstigen Streckenniveau erhebt. Da ICE-Trassen höchstens 2,5 % Steigung haben sollen, stehen die Planer vor der Frage, ob sie die Strecke ebenerdig planen (und den Hügel im Streckenverlauf abtragen) oder eine Rampe projektieren. Einer der Planer schlägt beidseitig eine ca. 4 km lange Rampe vor, der andere wendet ein, dass sich dadurch aber die Strecke verlängert und so der Materialaufwand steigt. Welche Variante ist zu bevorzugen, wenn man unterstellt, dass der Energieaufwand zum Überwinden der Steigung durch neueste Technik bei der Talfahrt fast vollständig kompensiert werden kann?

Kriminelles?

Lassen Sie sich keine Beeren aufbinden!

A8 Ein LKW hatte 1 Tonne Beeren zu transportieren. Eine Analyse vor Fahrtbeginn ergab einen Wassergehalt der Beeren von 99 %. Nach langer Fahrt am Ziel angekommen, wurde der Wassergehalt der Beeren mit 98 % bestimmt. Der Fahrer sah sich jedoch mit dem Vorwurf konfrontiert, er habe einen Teil der Ladung veruntreut, denn am Ziel wog die Fracht nur noch 500 kg. Nur ein aufmerksamer Austauschschüler aus Finnland, der gerade in der Spedition ein Praktikum absolvierte, konnte den Speditionschef beruhigen und davon überzeugen, dass dem Fahrer keine Schuld zukommt. Wie könnte der Praktikant argumentiert haben?

Hochprozentiges

A9 Beim Lesen einer populärwissenschaftlichen Zeitschrift fand ein Schüler eine Mitteilung über verschiedene Verbesserungen der Dampfmaschine, die voneinander unabhängig waren und darauf zielten, den Brennstoffverbrauch zu senken. Die erste Verbesserung versprach 40 % Brennstoffeinsparung, die zweite 35 % und die dritte 25 %. „Hurra!" rief der Schüler, „endlich kann man ein Perpetuum mobile bauen, denn wenn man die drei Anteile addiert, erhält man 100 % Brennstoffeinsparung, und das bedeutet, dass die Maschine ohne Brennstoff arbeitet." Ist das tatsächlich so?

A10 Ein Verkehrsunternehmen hatte beschlossen, neue Haltestellenschilder aufzustellen. Neben einer veränderten Hintergrundfarbe sollten die Nummern der Linien größer dargestellt werden. Der Chef der Designerfirma stellt die neuen Entwürfe vor: „Wir haben die Ziffern im Vergleich zur vorherigen Darstellung um 50 % vergrößert, statt 6 cm sind sie nun 9 cm hoch. Allerdings wird dann der Platz zur Darstellung der Endstationen etwas knapp." „Aber das ist doch kein Problem", sagte der Geschäftsführer des Verkehrsbetriebs, „dann verkleinern wir die Ziffern im Entwurf ein wenig, sagen wir um 33,3 %." Fast alle Anwesenden fanden den Vorschlag großartig und stimmten zu. Nur der Buchhalter kicherte. Hatte er einen Grund?

Unter den folgenden Aufgaben sind sicher einige bekannte. Es geht hier darum, den wirklich dramatischen Unterschied zwischen linearem Wachstum und z. B. exponentiellem deutlich zu machen.

Ein Königreich für ein Pferd

A11 Ein Kaufmann verkaufte ein Pferd für 156 Rubel. Der Käufer bat jedoch nach kurzer Zeit, den Kauf rückgängig zu machen, das Pferd sei diesen Preis nicht wert. Der Kaufmann redete von Kulanz und schlug dem Käufer einen neuen Preis vor. Er solle nur die Nägel in den Hufeisen kaufen, das Pferd bekomme er dann als Gratiszugabe. In jedem der vier Hufeisen sind sechs Nägel, der erste solle ¼ Kopeke, der zweite Nagel ½ Kopeke, der dritte 1 Kopeke usw. kosten. Der Käufer war begeistert und willigte ein. Hat er ein besseres Geschäft gemacht?

Wie gut, das solche Geschäfte heute verpönt sind. Oder würden Sie zuerst teure Druckerpatronen kaufen, nur um dazu gratis einen Drucker zu bekommen ...?

Endlich eine Gelegenheit zum Hochstapeln!

A12 Man nehme ein Blatt Papier von 0,1 mm Dicke und falte es. Angenommen, es gelingt uns, dieses Blatt 40 Mal zu falten. Wie stark ist es danach?

Wie verkauft man ein halbes Ei?

A13 Die Verkäuferin eines Lebensmittelgeschäfts erzählte ihrer Kollegin, dass sie früher, als sie noch nicht bei einem Discounter arbeitete, Eier stückweise verkaufte. Eines Tages ergab es sich, dass sie dem ersten Kunden die Hälfte aller Eier aus dem Lager und noch ein halbes verkauft hatte, dem zweiten Kunden wieder die Hälfte der verbleibenden und ein halbes Ei usw. Nach dem sechsten Kunden, den sie nach demselben Muster bedient hatte, war gerade noch ein Ei übrig.

„Aber du kannst doch keine halben Eier verkaufen", wandte ihre Kollegin ein.

„Ich habe auch niemandem halbe Eier gegeben, alle haben unversehrte frische Eier bekommen, dennoch habe ich so verkauft, wie ich es dir erzählt habe."

Wie war das möglich?

Teile nie ein Kamel zum Scherz

A14 Ein Nomade versprach in seinem Testament seinen drei Söhnen, dass er ihnen seine Kamelherde vermacht, dem ersten die Hälfte aller Kamele, dem mittleren ein Drittel und dem jüngsten ein Neuntel der Herde. Als er starb, hinterließ er 17 Kamele. Seine Söhne überlegten lange, wie sie die Herde nach dem Testament aufteilen sollten. Da kam ein Wanderer auf einem alten, schwachen Kamel des Weges und sagte:

„Ich gebe Euch noch mein Kamel, und dann versucht noch einmal zu teilen."

Nun gab es keine Probleme mehr. Der älteste Sohn erhielt 9 (die Hälfte), der mittlere 6 (ein Drittel) und der jüngste Sohn 2 (ein Neuntel) Kamele. Die Brüder waren zufrieden, der Wanderer auch, denn es blieb ein junges, kräftiges Kamel übrig, auf dem er seine Reise fortsetzte.

Gibt es hier irgendwelche Probleme?

Reisebericht

A15 Ein Reisender erzählt, dass er eine Stadt besucht habe, die auf zehn Inseln erbaut worden war. Diese waren miteinander durch Brücken verbunden. Fünf Inseln waren durch je eine Brücke mit dem Festland verbunden. Von vier Inseln nahmen jeweils vier Brücken ihren Anfang, von drei Inseln je drei und auf eine Insel führte nur eine Brücke. Ein besonders kritischer Zuhörer bemerkte, dass sich der Reisende geirrt haben muss. Warum?

A16 Gegeben seien sechs Blatt Papier. Einige dieser Blätter werden willkürlich in sieben Teile zerschnitten, danach werden einige dieser Teile wieder in sieben Teile zerschnitten. Als man alle Papierstücke zählte, waren es 67. Zeigen Sie, dass dies nicht sein kann

A17 Ein Lehrer „beruhigte" seine Schüler und trug vor: „Ihr braucht für die Vorbereitung auf den Schlaf, den Schlaf und das Aufstehen zwei Fünftel des Tages, das sind im Jahr 146 volle Tage. Selbst in Schaltjahren bleiben nur noch 366 – 146 = 220 Tage. Für Essen benötigt man wenigstens 1¼ Stunden pro Tag, macht insgesamt fast 20 Tage pro Jahr. 1½ Stunden benötigt man für den Weg zur Schule und zurück sowie die Schulpausen, also 20 volle Tage im Jahr.

Endlich: Ein überzeugendes Argument, warum Sie keine Zeit haben, den Müll runter zu bringen!

Wenn ihr jetzt nur eine Stunde am Tag vor dem Fernseher sitzt, Bücher lest oder ins Kino geht, so sind dies noch einmal insgesamt 15 Tage. Es bleiben also 165 Tage. Zieht man davon die gesetzlichen Feiertage, Wochenenden und die Ferien ab, so verbleiben 0 oder weniger Tage für die Hausaufgaben". Kein Grund zur Panik?

2.2 Unerlaubtes und die Konsequenzen

Das tut man nicht!

Seien Sie skeptisch, dann können Sie keine bösen Überraschungen erleben!
OPTIMISTISCHER SKEPTIKER

Sicher klingen Ihnen diese Worte noch in den Ohren, Anlässe dafür gab es wohl genug. Auch im Mathematikunterricht sollen solche „wertvollen Hinweise" gefallen sein. Warum, illustrieren die folgenden Aufgaben.

A18 Es ist $3 = 5$.

In der Tat, es gilt die Gleichung $25 - 15 - 10 = 15 - 9 - 6$,
daher auch $5\,(5 - 3 - 2) = 3\,(5 - 3 - 2)$,
also folgt $5 = 3$.

Für Skeptiker sei ein anderer Nachweis für diese Behauptung geführt: $6x + 15 = 10x + 25$,
mithin $3\,(2x + 5) = 5\,(2x + 5)$,
somit $3 = 5$

A19 Wie wäre es mit $1 = 2$?

Es ist $2 = 2$, $3 - 1 = 6 - 4$, $1 - 3 = 4 - 6$, $1 - 3 + \frac{9}{4} = 4 - 6 + \frac{9}{4}$.

Die letzte Gleichung kann man nun nach der zweiten binomischen Formel umformen und erhält

$$\left(1 - \frac{3}{2}\right) \cdot \left(1 - \frac{3}{2}\right) = \left(2 - \frac{3}{2}\right) \cdot \left(2 - \frac{3}{2}\right), \text{ d.h.}$$

$$\left(1 - \frac{3}{2}\right)^2 = \left(2 - \frac{3}{2}\right)^2, \text{ nach dem Wurzelziehen}$$

$$1 - \frac{3}{2} = 2 - \frac{3}{2}\text{, also}$$

$$1 = 2.$$

A20 Kaum zu glauben, aber $4 = 5$.

In der Gleichung $4 : 4 = 5 : 5$ klammert man auf der linken Seite 4, auf der rechten Seite 5 aus, so erhält man $4(1 : 1) = 5(1 : 1)$, damit auch $4 \cdot 1 = 5 \cdot 1$, also $4 = 5$.

A21 Damit nicht genug:
Eine beliebige natürliche Zahl n ist gleich 0.

Es sei $n \in \mathbb{N}$. Wir multiplizieren nun eine Gleichung, die wir hergeleitet haben, etwa $4 = 5$, mit n und erhalten $4n = 5n$. Davon wird die Gleichung nicht falsch. Weiter erhalten wir $(4 - 5)n = 0$, und da $4 - 5 \neq 0$, folgt $n = 0$.

A22 Es ist $1 \neq 1$.

Aus der Bruchrechnung ist bekannt, dass aus der Gleichheit zweier Brüche $\frac{a}{b} = \frac{c}{d}$ die Gleichung $\frac{a-c}{b-d} = \frac{a}{b}$ folgt, da in beiden Fällen die Bedingung für die Gleichheit zweier Brüche $ad = bc$ gilt.

In der Tat, für die zweite Gleichung $\frac{a-c}{b-d} = \frac{a}{b}$ ergibt sich als Gleichheitsbedingung $(a - c)b = a(b - d)$, also $ab - cb = ab - ad$, d.h. $ad = bc$.

Es seien nun x, y und z solche Zahlen. dass folgende Gleichung gilt:

$$\frac{3y - 4z}{3y - 8z} = \frac{3x - z}{3x - 5z}$$

Die Anwendung der zuvor genannten Regel führt dann zu

$$\frac{3y - 4z - (3x - z)}{3y - 8z - (3x - 5z)} = \frac{3y - 4z}{3y - 8z},$$

somit gilt (nach Auflösen der Klammern)

$$\frac{3y - 3z - 3x}{3y - 3z - 3x} = \frac{3y - 4z}{3y - 8z}.$$

Auf der linken Seite der Gleichung steht ein Bruch, dessen Zähler und Nenner gleich sind, die linke Seite ist also gleich 1, Zähler und Nenner auf der rechten Seite sind aber in der Regel ungleich (wenn nicht zufällig $z = 0$ ist), also ist die rechte Seite von 1 verschieden. Damit ist „bewiesen", dass $1 \neq 1$.

$2 \cdot 2 = 4$, oder?

A23 Falls in Ihrer Gegenwart wieder einmal jemand behauptet, etwas sei so sicher wie $2 \cdot 2 = 4$ ist, hier sind wenigstens drei Möglichkeiten nachzuweisen, dass $2 \cdot 2 = 5$.

Hier ist der erste Nachweis. Es sei $a = b + c$, dann ist $5a = 5b + 5c$ und $4b + 4c = 4a$. Addiert man beide Gleichungen, so erhält man $4b + 4c + 5a = 5b + 5c + 4a$. Subtrahiert man $9a$ von beiden Seiten der Gleichung, so ergibt sich die neue Gleichung $4b + 4c - 4a = 5b + 5c - 5a$. Beide Seiten enthalten nun den gleichen Faktor $4(b + c - a) = 5(b + c - a)$, also ist 4= 5.

Ein anderer Nachweis: Es sei $a = 4$, $b = 5$ und $c = \frac{a+b}{2}$. Daraus folgt

$a + b = 2c$, also $a = 2c - b$ und $2c - a = b$. Multipliziert man die beiden Gleichungen miteinander, so ergibt sich $a(2c - a) = b(2c - b)$. Wenn man jetzt die Klammern auflöst und beide Seiten der Gleichung mit –1 multipliziert, erhält man $a^2 - 2ac = b^2 - 2bc$. Nun wird auf beiden Seiten c^2 addiert: $a^2 - 2ac + c^2 = b^2 - 2bc + c^2$, also $(a - c)^2 = (b - c)^2$. Zieht man auf beiden Seiten die Quadratwurzel, so ergibt sich $a - c = b - c$, also $a = b$, d. h. $4 = 5$.

Und schließlich, falls immer noch Zweifel bestehen:

Es sei b eine beliebige Zahl und $a = b + 1$. Nun werden beide Seiten der Gleichung mit $(a - b)$ multipliziert:

$a^2 - ab = ab + a - b^2 - b$, d. h. $a^2 + b^2 = 2ab + a - b$. In dieser Gleichung setzen wir $a = 4$ und $b = 4$, somit erhalten wir $16 + 16 = 32 + 4 - 4$, zweifellos eine wahre Behauptung, also die Gleichheit beider Seiten. Deshalb ist auch die ursprüngliche Gleichung $a = b + 1$ richtig, und wegen $a = b = 4$ gilt somit $4 = 4 + 1$, also $4 = 5$.

A24 Keine Privilegien für die 4, für jedes n gilt $n = n + 1$!

Ein Nachweis könnte so aussehen:

Es ist $(n + 1)^2 = n^2 + 2n + 1$. Die nachfolgenden Umformungsschritte sind leicht nachvollziehbar.

$$(n+1)^2 - (2n+1) = n^2$$

$$(n+1)^2 - (2n+1) - n(2n+1) = n^2 - n(2n+1)$$

$$(n+1)^2 - (2n+1)(n+1) = n^2 - n(2n+1)$$

$$(n+1)^2 - (2n+1)(n+1) + \frac{1}{4}(2n+1)^2 = n^2 - n(2n+1)\frac{1}{4}(2n+1)^2$$

$$\left[n+1-\frac{1}{2}(2n+1)\right]^2 = \left[n-\frac{1}{2}(2n+1)\right]^2$$

$(n+1) - \frac{1}{2}(2n+1) = n - \frac{1}{2}(2n+1)$, also

$n + 1 = n.$

A25 Die beiden vorhergehenden Aufgaben haben unerwartete Konsequenzen. In der Tat, wenn $4 = 5$ oder, ganz allgemein, $n = n + 1$, so ist auch $5 = 6$ und wegen des Prinzips der „Drittengleichheit" $4 = 6$, $4 = 7$ usw., d. h. zwei beliebige natürliche Zahlen sind gleich. Das ist „etwas überraschend", deshalb hier noch ein unabhängiger Nachweis dieser Behauptung:

„Drittengleichheit" oder Transitivität von „=":
Ist $a = b$ und $b = c$, so auch $a = c$.

Seien a und b zwei beliebige Zahlen, für die gilt $a > b$. Die Differenz beider Zahlen sei mit c bezeichnet, also $a - b = c$ oder $a = b + c$. Man multipliziert nun diese Gleichung (auf beiden Seiten) mit $(a - b)$:

$a^2 - ab = ab + ac - b^2 - bc$. Damit gilt auch

$a^2 - ab - ac = ab - b^2 - bc$, also

$a(a - b - c) = b(a - b - c)$ und teilt nun durch den gemeinsamen Faktor. Das Ergebnis ist $a = b$!

Sind wir erst einmal soweit gekommen, bringt uns auch das folgende Ergebnis nicht mehr zum Staunen.

Merkwürdig: $a+b=0$

A26 Die Summe zweier beliebiger Zahlen ist gleich null.

Seien a und b beliebige Zahlen und sei $d=a+b$. Wir nehmen an, dass $x=d$. Dann gilt

$4dx=4d^2$, also auch

$x^2+4dx=4d^2+x^2$

$x^2=4d^2-4dx+x^2$

$x^2=(x-2d)^2$, folglich

$x=x-2d$.

Da wir $x=d$ gesetzt hatten, können wir entsprechend einsetzen, somit wird die letzte Gleichung zu $d=d-2d$, mithin ist $-d=d$, also $2d=0$. Daraus aber ergibt sich zwangsläufig $a+b=d=0$.

Noch merkwürdiger: $a=-a$

A27 Vergessen Sie Vorzeichen! In der Tat, welche von Null verschiedene Zahl a man auch wählt, es ist $a=-a$. Die folgenden Berechnungen zeigen dies deutlich.

$\sqrt{-a}\cdot\sqrt{-a}=\sqrt{(-a)(-a)}=\sqrt{a^2}=a$

$\sqrt{-a}\cdot\sqrt{-a}=(\sqrt{-a})^2=-a,$

also $a=-a$.

A28 Das Quadrat einer beliebigen Zahl ist gleich 1, oder?

Es sei $x=y=\frac{m^2}{4}$, wobei m eine natürliche Zahl sei. (1)

Daraus ergibt sich die Gleichung $\sqrt{x}=\sqrt{y}$ (2)

Subtrahiert man von (1) die Gleichung (2), und formt um, so erhält man

$$x-\sqrt{x}=y-\sqrt{y}$$

$$x-y=\sqrt{x}-\sqrt{y}$$

$$\sqrt{x}+\sqrt{y}\sqrt{x}-\sqrt{y}=\sqrt{x}-\sqrt{y}$$

$$\sqrt{x}+\sqrt{y}=1$$

$$2\sqrt{x}=1$$

Setzt man nun in die letzte Gleichung den in (1) festgesetzten Wert für x ein, so finden wir

$2\sqrt{\frac{m^2}{4}} = 1$, also $m^2 = 1$.

Merkwürdige Ungleichungen

A29 Es ist $4 > 12$.

Das kann doch nicht wahr sein: $4 > 12$

Wir beginnen mit der offensichtlich wahren Ungleichung $7 > 5$ und addieren auf beiden Seiten -8 . Das Ergebnis ist die Ungleichung $-1 > -3$. Nun wird diese Ungleichung mit -4 multipliziert:

$(-1) \cdot (-4) > (-3) \cdot (-4)$, also $4 > 12$.

A30 Damit nicht genug, wenn $a > b$, so ist $a > 2b$.

Wenn $a > b$, so ist $a > 2b$

Sei also $a > b$. Multipliziert man beide Seiten mit b, so erhält man $ab > b^2$. Umformungen führen uns zunächst zu

$$ab - a^2 > b^2 - a^2$$

$$a(b - a) > (b + a)(b - a)$$

$$a > b + a$$

Addiert man nun zur letzten Ungleichung die ursprüngliche, so ergibt sich $2a > 2b + a$, also $a > 2b$.

A31 Es ist nicht einfach nachzuweisen, aber $3 > 7$.

$3 > 7$

Offensichtlich ist $\left(\frac{1}{3}\right)^3 > \left(\frac{1}{3}\right)^7$. Wird nun diese Ungleichung auf beiden Seiten logarithmiert (wobei die Basis des Logarithmus gleichgültig ist):

$3\log\left(\frac{1}{3}\right) > \log\left(\frac{1}{3}\right)$ und durch den gemeinsamen Faktor $\log\left(\frac{1}{3}\right)$ geteilt, so ergibt sich die Ungleichung $3 > 7$.

Darstellung der Logarithmusfunktion

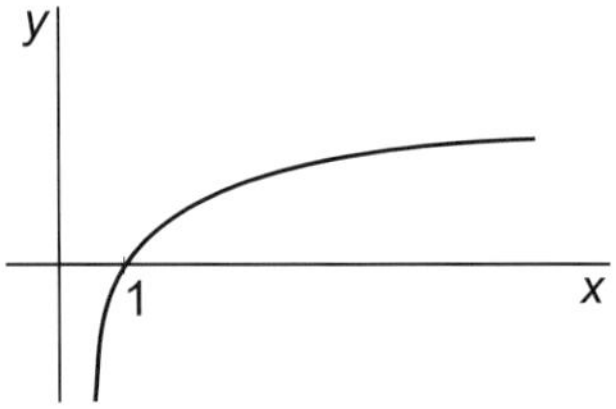

A32 Die ungeahnten Möglichkeiten der Logarithmen: $\frac{1}{4} > \frac{1}{2}$!

Wir beginnen mit der Ungleichung $2\log a > \log a$, also $\log a^2 > \log a$.

Jetzt setzen wir für a den Wert $\frac{1}{2}$ ein und erhalten $\log\frac{1}{4} > \log\frac{1}{2}$. Da aber dem größeren Logarithmus stets auch das größere Argument entspricht (vgl. nebenst. Abb.), erhalten wir daraus die Ungleichung $\frac{1}{4} > \frac{1}{2}$. Überzeugend, oder?

Merkwürdiges – reihenweise

Addieren, bis der Arzt kommt!

Summen mit unendlich vielen Gliedern, auch Reihen genannt, spielen in der so genannten höheren Mathematik eine herausragende Rolle. Aber Vorsicht, es ist wohl klar, dass der Reihe $1 + 1 + 1 + \ldots$ keine Zahl entspricht, die man als deren Summe verstehen könnte. Je mehr Glieder unsere Zahl hat, um so größer wird die „Summe“. In diesem Fall wird sie sogar beliebig groß, d. h. größer als jede vorgegebene Zahl. Deshalb formuliert man für Reihen besondere Bedingungen, unter denen man mit dem Additionszeichen in der üblichen Art und Weise verfahren kann. Ausführlichere Überlegungen dazu sind im Abschnitt 2.3 festgehalten, hier sollen zunächst einige Beispiele die Fallstricke demonstrieren, in denen man sich beim Umgang mit Reihen verfangen kann.

Darf man in jeder Reihe die Glieder vertauschen?

A33 Es ist $0 = 4 = -4$.

Man betrachte die Reihe $S = 4 - 4 + 4 - 4 + 4 - 4 \ldots$

Fassen wir jeweils zwei benachbarte Glieder zusammen (beginnend mit dem ersten), so erhalten wir

$S = (4-4) + (4-4) + (4-4) + \ldots = 0$.

Fassen wir nun benachbarte Glieder, beginnend mit dem zweiten, zusammen, so ergibt sich

$S = 4 - (4-4) - (4-4) - \ldots = 4 - 0 = 4$.

Und schließlich vertauschen wir benachbarte Glieder und fassen erneut paarweise zusammen

$S = -4 + (4 - 4) + (4 - 4) + \ldots = -4 + 0 = -4.$

Das Ergebnis ist schon überraschend: $0 = 4 = -4$, oder?

A34 Wir „beweisen" nun, dass $2 = 1$ und $1{,}38 = 0{,}69$ ist.

Man kann zeigen, dass die Reihe $1 - \frac{1}{2} + \frac{1}{3} - \frac{1}{4} + \frac{1}{5} - \frac{1}{6} + \ldots$ eine Summe l hat (die Reihe konvergiert) und für diese Summe gilt $l = \ln 2 \approx 0{,}69$.

Nun wird diese Reihe umgeformt:

$$2l = 2 - \frac{2}{2} + \frac{2}{3} - \frac{2}{4} + \frac{2}{5} - \frac{2}{6} + \frac{2}{7} - \frac{2}{8} + \frac{2}{9} - \frac{2}{10} + \ldots$$

$$2l = 2 - 1 + \frac{2}{3} - \frac{1}{2} + \frac{2}{5} - \frac{1}{3} + \frac{2}{7} - \frac{1}{4} + \frac{2}{9} - \frac{1}{5} + \ldots$$

$$2l = (2 - 1) - \frac{1}{2} + \left(\frac{2}{3} - \frac{1}{3}\right) - \frac{1}{4} + \left(\frac{2}{5} - \frac{1}{5}\right) - \ldots$$

$$2l = 1 - \frac{1}{2} + \frac{1}{3} - \frac{1}{4} + \frac{1}{5} - \frac{1}{6} + \ldots = l$$

Hieraus ergeben sich nun zwei Schlussfolgerungen. Zum einen ist $2l = l$, also $2 = 1$, da wir durch $l\ (l \neq 0)$) teilen können. Zum anderen wissen wir, dass $l = 0{,}69$, also gilt $1{,}38 = 0{,}69$.

$1{,}38 \approx 0{,}69$!
Zu Risiken und Nebenwirkungen fragen Sie ihren Freund oder Ihren Mathematiklehrer!

A35 Es gilt für beliebige natürliche Zahlen die Gleichung

$$\ldots + n^3 + n^2 + n + 1 + \frac{1}{n} + \frac{1}{n^2} + \frac{1}{n^3} + \ldots = 0.$$

Es ist stets $\frac{n}{n-1} + \frac{n}{1-n} = 0$. Andererseits gilt

$$\begin{aligned} n &= n + n^2 + n^3 + n^4 + \ldots - n^2 - n^3 - n^4 - \ldots \\ &= n + n^2 + n^3 + n^4 + \ldots - n\left(n + n^2 + n^3 + \ldots\right) \\ &= (1 - n) \cdot (n + n^2 + n^3 + \ldots) \end{aligned}$$

und somit $\frac{n}{1-n} = n + n^2 + n^3 + \ldots$

Analog zeigt man, dass $\frac{n}{n-1} = 1 + \frac{1}{n} + \frac{1}{n^2} + \frac{1}{n^3} + \ldots$

Da die Summe der beiden linken Ausdrücke der Gleichungen null ist, ist folglich auch die Summe der beiden Reihen gleich null, nichts anderes aber war zu zeigen.

A36 Eine Summe positiver Zahlen ist eine negative Zahl; wir zeigen, dass $1 + 2 + 4 + 8 + 16 + \ldots = -1$.

Es ist offensichtlich $1 + 2 + 4 + 8 + 16 + \ldots = 1 + 2\,(1 + 2 + 4 + 8 + \ldots)$.

Bezeichnen wir $1 + 2 + 4 + 8 + 16 + \ldots$ mit a, so erhalten wir (nach Ausklammern) $a = 1 + 2a$, also $a = 1 + 2 + 4 + 8 + 16 + \ldots = -1$.

2.3 Unendliches und unsere Vorstellungskraft

Eine einfache Frage: Was heißt „unendlich"?

Das Unendliche hat wie keine andere Frage von jeher so tief das Gemüt des Menschen bewegt; das Unendliche hat wie kaum eine andere Idee auf den Verstand so anregend gewirkt; das Unendliche ist aber auch wie kein anderer Begriff so der Aufklärung bedürftig.
DAVID HILBERT

Sobald wir von unendlich großen (kleinen) Größen, einem unendlich großen Widerstand, der unendlichen Güte von Gott, einer unendlich teilbaren Figur u. ä. reden, setzen wir unausgesprochen voraus, dass wir einen klaren und unmissverständlichen Begriff von Unendlichkeit haben, oder aber unsere Rede bleibt unklar und missverständlich.

Schnell wird man sich darauf einigen können, dass „unendlich" anderes meint als „unvorstellbar groß". Letzteres träfe auch für die Zahl der von uns je geäußerten Wörter, die Zahl der Sandkörner am Strand von Agios Giorgios, selbst die Zahl der Atome in dem Raum, in dem Sie sich gerade befinden, zu. Und dennoch sind dies endliche Größen. Dass wir schon im Umgang mit sehr großen, aber endlichen Zahlen an die Grenzen unserer Vorstellungskraft stoßen, zeigen einige der ersten Aufgaben in diesem Abschnitt.

In der Hauptsache aber soll es um Unendlichkeit und unsere Schwierigkeiten im Umgang mit Unendlichkeit gehen.

Die eingangs aufgeworfene Frage ist einfach, muss es aber deshalb auch die Antwort sein?

Ein einfache Antwort wäre, sich auf die Prinzipien der Wortbildung im Deutschen zu berufen, nach diesen heißt „unendlich" nichts anderes als „nicht endlich". Damit ist aber noch keine befriedigende Antwort gegeben. Wir werden sehen, dass „Unendlichkeit" viele Gesichter hat, und dann, je nach ihrer spezifischen Ausprägung, verschiedene Regeln für den Umgang mit ihr erforderlich sind. Die unspezifische Rede von und, mehr noch, der unspezifische Umgang mit „unendlich" und „Unendlichkeit" birgt viele Gefahren, insbesondere die, „gehobenen Unsinn" zu produzieren. Dies, zusammen mit dem Problem unserer nicht ausreichenden Vorstellungskraft, ist sicher einer der wesentlichen Gründe für ein Phänomen, welches horror infiniti (Angst vor dem Unendlichen) heißt.

Ein einfaches Beispiel mag die Schwierigkeiten negativer Begriffsbildung illustrieren: Wenn man einen Lösungsvorschlag als „nicht gut" bezeichnet, so kann dies vieles heißen, von „völlig unbrauchbar" bis „ganz passabel".

Eine ganz ähnliche Situation spiegelt sich im horror vacui (der Angst vor dem Nichts) wider. Vielleicht ist es ja mit dem horror infiniti wie mit anderem Horror auch: Was vielen Angst macht, stellt für andere einen besonderen Reiz dar.

Es scheint daher angebracht, „Unendlichkeit" als einen Sammelbegriff anzusehen, der erst in den jeweils verschiedenen Spezifizierungen hinreichend klar umrissen ist, um Regeln für den sicheren Umgang (das korrekte Operieren) mit diesem aufzustellen.

Aber brauchen wir Unendlichkeit überhaupt? In unserem Alltag sicher nicht, denn dort treffen wir stets auf endliche Gesamtheiten, wenn auch manchmal sehr große. Schon diese können uns einiges Kopfzerbrechen bereiten, es sei hier nur auf das Haufenparadoxon verwiesen.

Zum Haufenparadoxon siehe Kapitel 3

Bei der Beschreibung der uns umgebenden Welt kommen wir zunächst ohne den Begriff der Unendlichkeit aus. Und so ist es nicht verwunderlich, dass unser alltäglicher Umgang mit Größen ein Umgang mit endlichen Größen ist. Und unsere Intuition wird dabei durch die Gesetze für den Umgang mit endlichen Größen geprägt. Wenn man zu einer endlichen Größe etwas hinzufügt, so vergrößert man diese. Und da wir Objekte praktisch nur endlich viele Male teilen können, ist die vorgestellte unendliche Teilung eines Objekts nichts anderes als ein Gedankenspiel. Und so hat auch der Gedanke, dass es unteilbare kleinste Einheiten (Atome) geben soll, etwas tröstliches.

Dennoch gibt es Gruppen, die dem Versuch, Unendlichkeit wegen offensichtlicher Fiktivität aus unserem Vokabular zu streichen, entschieden widersprechen würden; unter ihnen nehmen die Mathematiker einen gewichtigen Platz ein.

Die drei Sätze:
(1) Jede Zahl hat einen Nachfolger.
(2) Der Nachfolger des Nachfolgers einer Zahl ist wiederum deren Nachfolger.
(3) Keine Zahl hat sich selbst zum Nachfolger.
scheinen mehr als plausibel zu sein. Sie können jedoch nur dann gemeinsam wahr sein, wenn es mehr als endlich viele Zahlen gibt!

Das ist nicht verwunderlich, denn wie sollte Mathematik ohne diesen Begriff auskommen? Zuerst sei auf die natürlichen Zahlen verwiesen. Zweifellos sollte gelten, dass jede natürliche Zahl einen (unmittelbaren) Nachfolger hat, andernfalls müssten wir die Größe von Gesamtheiten begrenzen, es gäbe eine größte natürliche Zahl und somit eine Menge, zu der nichts hinzugefügt werden kann. Das erscheint aber wenig befriedigend, zumindest theoretisch sollte eine solche Operation stets möglich sein. Sobald wir dies aber zugestehen, haben wir uns schon auf Unendlichkeit eingelassen.

Dabei denkt man zunächst an Unendlichkeit im Sinne von „immer mehr" bzw. „immer größer". Ein weiteres positives Argument geht in die Richtung von Unendlichkeit im Sinne von „immer detaillierter", „immer feiner untergliedert". Auch hier möge ein Beispiel aus dem Bereich der Zahlen angeführt sein.

Wenn wir nicht über natürliche Zahlen, sondern über positive rationale Zahlen (Brüche) reden, so scheint es selbstverständlich, dass sich für zwei rationale Zahlen a und b stets ein Mittelwert $m = \frac{a+b}{2}$ bestimmen lässt, wobei gilt: $a < m < b$. Dann ist m aber eine von a und b verschiedene rationale Zahl. Setzt man diesen Prozess fort, etwa für a und m, so erhält man wiederum eine „neue" rationale Zahl usw. Auf diesem Weg erzeugen wir wieder eine unendliche Gesamtheit von rationalen Zahlen, diesmal aber sind alle von endlicher Größe, weil zwischen a und b gelegen. Die Gesamtheit der rationalen Zahlen führt uns gleich somit zweifach auf den Begriff der Unendlichkeit: Einmal im Sinne von Größe (die rationalen enthalten ja die natürlichen Zahlen, es gibt also keine größte), zum anderen im Sinne von „Dichte", wie gerade beschrieben. Und schließlich finden auf der Zahlengeraden noch die reellen, aber nicht rationalen Zahlen wie , $\sqrt{2}$, π, e und andere Platz.

Unendlichkeit spielt auch eine Rolle in der Geometrie, die Begriffe Gerade und Ebene schließen ja eine Begrenztheit im Raum aus. Auch bei Konstruktionen wie etwa Teilungen, man denke nur an das ZENONsche Problem von Achilles und der Schildkröte, seinen fliegenden Pfeil u. a., machen wir von der (theoretischen) Möglichkeit einer unendlichen Teilung Gebrauch. Große Teile der so genannten höheren Mathematik, wie etwa die Differenzial- und Integralrechnung, die Theorie der Grenzwerte, Reihendarstellungen von Funktionen u. ä. sind in einer Mathematik, die Unendlichkeit nicht zulässt, undenkbar. Bemerkenswerterweise aber haben diese Gebiete, so theoretisch ihre Grundkonstruktionen auch sein mögen, erhebliche praktische Anwendungen und sind für das Verständnis und die Beherrschung unserer alltäglichen endlichen Erfahrungswelt unverzichtbar.

siehe Kapitel 3

Kaum erstaunlich ist, dass gerade in der Mathematik die Untersuchung von „Unendlichkeit" einen gewichtigen Raum einnimmt, dass hier Klassifikationen verschiedener Arten von Unendlichkeit und spezifische Regeln für den Umgang mit diesen aufgestellt wurden.

Mathematik ohne „Unendlichkeit" – für Mathematiker ein Albtraum!

Wenn man diese Besonderheiten nicht beachtet, sind Probleme und Ungereimtheiten vorprogrammiert. Doch auch wenn man sich an die Regeln hält, rufen einige der Ergebnisse ungläubiges Staunen hervor. Das ist nicht verwunderlich, erinnern wir uns nur daran, dass unsere Intuition am Umgang mit alltäglichen (endlichen) Größen geschult ist.

Ein erstes Beispiel mag dies illustrieren.

Doppelt so viel, und doch „nicht mehr" als zuvor

Stellen Sie sich vor, man fragt Sie, wie es sein kann, dass man eine Anzahl verdoppelt, und doch genau so viel wie zuvor erhält. Eine erste (spontane) Reaktion hierauf lautet in aller Regel: Das geht nicht! Eine etwas abgeklärte Reaktion darauf könnte so aussehen. Man stellt die entsprechende Gleichung auf, d.h., $2x = x$ und sucht nach einer Lösung. Die ist jetzt leicht gefunden, $x = 0$. Und dies ist offensichtlich die einzige natürliche Zahl, die diese Gleichung erfüllt. Damit ist auch die erste, spontane Reaktion erklärt. Wir sehen 0 nicht unbedingt als eine Anzahl an. Die Zahl Null ist erst vor wenigen Jahrhunderten zu einem festen Bestandteil unseres Zahlensystems geworden, vielleicht ist sie ja in unserem unkontrollierten Alltagsdenken noch immer nicht ganz angekommen.

Lesenswertes über die Geschichte der Null:
Charles Seife, Zwilling der Unendlichkeit
Robert Kaplan, Die Geschichte der Null

Es gibt jedoch einen weiteren Fall, wo „doppelt so viel" „genau so viel wie" zuvor ist. Dazu betrachten wir ein Hotel der besonderen Art.

Bei der Vorstellung dieses Hotels wird es vielen den Schweiß auf die Stirn treiben. Einem Bauingenieur wegen der Statik, einem Küchenchef wegen der Logistik usw.

Hilberts Hotel

Stellen Sie sich also ein Hotel vor, welches unendlich viele Einbettzimmer hat, genauer gesagt, so viele, wie es natürliche Zahlen gibt. Und dieses Hotel sei bis auf den letzten Platz belegt. Der Hotelmanager ist darüber sehr froh, auch wenn er noch nicht weiß, wie er das mit den Rechnungen managen soll, sämtliche Gäste wollen nämlich am selben Tag abreisen. Aber noch ist es nicht soweit. Da der Ruf des Hotels exzellent ist, kommt noch ein Gast – unangemeldet!

Die Mitarbeiter der Rezeption sind verzweifelt und wollen den neu eingetroffenen Gast mit Bedauern abweisen, doch zufällig steht ein Mathematiker in der Nähe. Er macht einen Vorschlag: „Selbstverständlich können Sie bleiben, Platz ist genug. Da ich viele der Gäste kenne, bin ich sicher, dass Ihnen geholfen werden kann." Und dann wendet er sich an den Mitarbeiter der Rezeption. „Bitten Sie einfach alle Ihre Gäste in das Nachbarzimmer mit der nächstgrößeren Nummer zu ziehen, also den Gast aus Zimmer 1 in Zimmer 2, ... den Gast aus Zimmer 71 in Zimmer 72 usw. Dann kann der neue Gast in Zimmer 1 ziehen, und niemand bleibt ohne Zimmer. Sollten Sie aber noch mehr Gäste erwarten, auch das ist kein Problem. Ich könnte Ihnen sogar sagen wie Sie 30 oder gar hundert neue Gäste unterbringen können – ohne einen Gast abzuweisen."

A37 Können Sie sagen, welchen Vorschlag der Mathematiker machte?

Der Mitarbeiter an der Rezeption ist begeistert. „Wenn ich das richtig verstanden habe", so entgegnet er, „könnte ich nicht nur eine, sondern mehrere Reisegruppen noch unterbringen?" „Genau so ist es", entgegnete der Mathematiker, „das ist ja die Besonderheit Ihres Hotels: Auch wenn alle Zimmer belegt sind, lassen sich stets noch beliebige endliche Mengen von Gästen unterbringen. In einem Hotel mit endlicher Zahl von Zimmern geht das nur, wenn man die Gäste überreden kann, das Zimmer mit anderen Personen zu teilen. Und auch das hat Grenzen."

Um nun auf unser eingangs betrachtetes Problem zurückzukommen, stellen wir uns jetzt den Fall vor, dass die Gäste alle Teilnehmer an einem Kongress (sie seien zudem alle verheiratet) und so begeistert vom Tagungsort sind, dass sie ihre Frauen einladen. Die Zahl der Gäste verdoppelt sich also.

A38 Müssen die Ehefrauen in einem anderen Hotel untergebracht werden? Nein, wieder hilft eine „Umzugslösung", aber welche?

Damit haben wir einen weiteren Fall beschrieben, der unsere Ausgangsfrage erfüllt. Doch Vorsicht, dies ist keine Lösung der Gleichung $2x = x$! Wir haben unsere ursprünglichen Begriffe von „mehr" und „genauso viel" etwas präzisiert. Für endliche Größen ist „gleich viele" durch das Gleichheitszeichen „=" beschrieben, für unendliche Größen setzen wir stattdessen eine eineindeutige Zuordnung zwischen den Objekten der beiden Gesamtheiten als Kriterium für „genauso viel" voraus. Letzteres gilt natürlich auch für endliche Größen: Es sind genau so viele Zuschauer im Kino, wie es Sitzplätze gibt, wenn alle Zuschauer auf je einem Platz sitzen und kein Platz unbesetzt ist. Dann aber können wir festhalten, dass es „genau so viel"

Eine **eineindeutige** (auch: bijektive) Zuordnung zwischen zwei Mengen besteht genau dann, wenn jedem Element der einen Menge genau ein Element der anderen zugeordnet werden kann und umgekehrt.

gerade wie ungerade Zahlen bzw. wie natürliche Zahlen gibt, eine Behauptung, die doch überrascht. Sind doch die geraden Zahlen nur ein Teil der natürlichen Zahlen, und für endliche Gesamtheiten gilt zweifellos, dass eine Teilmenge, die von der gesamten Menge verschieden ist, weniger Elemente enthält als die gesamte Menge.

Um Verwirrung zu vermeiden, oder wenigstens in Grenzen zu halten, spricht man im unendlichen Fall auch nicht davon, dass die Mengen gleich viele Elemente enthalten, sondern sagt, sie seien gleichmächtig.

Dass eine echte Teilmenge gleichmächtig der gesamten Menge ist, kann als Kriterium für Unendlichkeit der Menge angesehen werden.

Ist *nun* jede unendliche Menge jeder anderen unendlichen Menge gleichmächtig? Die Antwort lautet: Nein. Man kann zeigen, dass es „mehr" reelle Zahlen als natürliche Zahlen gibt, mehr noch, die Menge aller Teilmengen einer gegebenen Menge *M* ist stets größer als die Mächtigkeit von *M*. Damit ist schon klar, dass wir bei Unendlichkeit verschiedene Mächtigkeiten unterscheiden müssen, „unendlich groß" also durchaus differenziert betrachtet werden muss.

Bevor wir uns weiter mit unendlichen Gesamtheiten befassen, sollen einige Beispiele zeigen, dass unser Vorstellungsvermögen schon im Endlichen gelegentlich bis an seine Grenzen strapaziert wird.

Die ungewöhnliche Versicherung

Probleme ohne Ende: Die Sache mit der Rente

A39 Ihr Versicherungsmakler ruft Sie an und verspricht Ihnen eine sensationelle Neuerung. Statt einer traditionellen Rentenversicherung können Sie jetzt einen Progressive-Power-Vertrag abschließen. Und das zu denselben Versicherungsbeiträgen, die Sie ansonsten für etwa 300 € monatliche Zusatzrente zu zahlen haben! Danach erhalten Sie im ersten Jahr 1000 €, im zweiten Jahr 2000 €, im dritten Jahr 4000 € usw. Er erläutert Ihnen, dass ja mit zunehmendem Alter die Kosten steigen und dem wolle man Rechnung tragen. Sie haben gesund gelebt und rechnen sich wenigstens noch zehn Jahre Rentnerdasein aus. Sollten Sie das Angebot annehmen?

Alte Rentenprobleme

Dass schon früher Rentenversprechungen gemacht wurden, die nicht einzuhalten waren, zeigt die folgende Geschichte.

A40 Die französische Gräfin Elisabeth-Angélique de Beautéville verwitwete im Alter von 20 Jahren. Ihr Gatte, der Gouverneur Sanslisse, liebte sie sehr und hinterließ folgendes Testament: Im ersten Jahr nach seinem Tode wird der Witwe ein Goldstück ausgezahlt, in jedem folgenden Jahr verdoppelt sich die Summe, sofern die Gräfin nicht wieder heiratet.

Die Gräfin lebte noch 69 Jahre ohne wieder zu heiraten. Wie viel Geld hätte sie insgesamt erhalten müssen?

Die ersten Jahre sind hart, aber dann ...

Bei diesen Aufgaben sind wir noch nicht auf Unendlichkeiten gestoßen, allenfalls konnte das rapide Anwachsen der entsprechenden Zahlen Erstaunen hervorrufen.

In den folgenden Aufgaben wird nun aber wieder Unendlichkeit eine wirkliche Rolle spielen.

Noch einmal: Unendlich groß

A41 Kehren wir noch einmal zu unserem unendlichen Hotel zurück. Bisher haben wir uns um dessen Bau nicht gekümmert, es wäre sogar möglich gewesen, alle Zimmer in einem unendlich langen Korridor anzuordnen. Betrachten wir nun ein solches Hotel mit unendlich langen Korridoren und unendlich vielen Etagen. In diesem Hotel seien die Zimmernummern wie folgt zugeordnet: Das Zimmer 7/11 sei das elfte Zimmer im siebten Geschoss, anders gesagt, die Zimmernummern sind jetzt positive rationale Zahlen. Dabei sehen wir großzügig darüber hinweg, dass rationale Zahlen dabei mehrfach als Zimmernummern vergeben werden, die Zimmer 7/11 und 14/22 sind verschieden, aber 7/11 ist dieselbe rationale Zahl wie 14/22. Es stellt sich nun die Frage, ob ein solches Hotel „mehr" Zimmer hat als unser ursprüngliches Hotel. Anders gefragt: Ist die Mächtigkeit der Menge der positiven rationalen Zahlen größer als die der natürlichen Zahlen?

„Überholen ohne Einzuholen"

ZENON VON ELEA, etw. 490–430 v. u. Z. Freund und Schüler von PARMENIDES

Dass kritisches Nachdenken über Unendlichkeit schon die Gemüter der Altvorderen bewegte, zeigt sich auch in den bereits erwähnten Aporien des ZENON. Zu den berühmtesten zählen der „fliegende Pfeil", in der ZENON „nachweist", dass ein Pfeil nicht fliegen kann, sowie „Achilles und die Schildkröte".

Lassen Sie sich nie auf einen Wettlauf mit einer Schildkröte ein!
ANTIKE WEISHEIT

Hier liefert Zenon eine Argumentation für die These, dass Achilles die Schildkröte nie einholen könne. Dazu nimmt man an, dass Achilles und eine Schildkröte einen Wettlauf veranstalten, bei dem sich beide jeweils mit konstanter Geschwindigkeit bewegen, wobei die Geschwindigkeit von Achilles zehn mal größer sei als die Geschwindigkeit der Schildkröte. Die Schildkröte erhalte nun 90 m Vorsprung. Dann, so Zenon, bewegt sich die Schildkröte 9 m weiter, während Achilles die 90 m überwindet. In der Zeit, die Achilles braucht, um die 9 m zu überwinden, hat sich die Schildkröte wiederum fortbewegt, diesmal um 0,9 m. Und in der Zeit, die Achilles braucht, diese Distanz zu überwinden, hat sich die Schildkröte wieder weiterbewegt. Also, so schlussfolgert Zenon, wird die Distanz zwischen beiden zwar immer kleiner, aber doch nie null, die Schildkröte hat also zu jedem Moment einen Vorsprung.

Und wenn Sie sich schon darauf eingelassen haben: Rennen, nicht rechnen!

Was wollte Zenon mit dieser Argumentation bewirken? Sicher wollte er uns nicht davon überzeugen, dass die Schildkröte das Rennen gewinnen wird. Wir können ihm getrost unterstellen, dass er rechnen konnte und selber davon überzeugt war, dass Achilles die Schildkröte deutlich überholt hat, wenn er, z. B., 180 m zurückgelegt hat. Zu diesem Zeitpunkt wäre die Schildkröte nämlich erst $90 + 2 \cdot 9 = 108$ m vom Start entfernt, also weit hinter Achilles zurückgefallen.

Offensichtlich wollte Zenon deutlich machen, dass die angeführte Argumentation ungeeignet ist, Bewegung in all ihren Aspekten angemessen zu beschreiben. Und natürlich war zu jener Zeit ein geeigneter mathematischer Apparat für den adäquaten Umgang mit Grenzwerten, mit unendlich kleiner werdenden Größen und deren Summierung einfach nicht vorhanden.

Wollten wir also auf Unendlichkeit verzichten, so bliebe uns nur übrig, Zenon Recht zu geben, denn dann könnte Achilles die Schildkröte nie einholen (zumindest könnten wir diesen Vorgang nicht theoretisch reflektieren).

Auch Krümelkram summiert sich: Reihen

Mit endlichen Summen gibt es kein Problem. Man addiert schrittweise die einzelnen Summanden und erhält nach endlich vielen Schritten die Summe. Dabei ist es egal, mit welchem der Summanden man beginnt, welche man danach hinzufügt (addiert), es gelten Assoziativitäts- und Kommutativitätsgesetze.

Kommutativitätsgesetz: $a + b = b + a$

Assoziativitätsgesetz: $a + (b + c) = (a + b) + c$

Dass man mit unendlichen Summen nicht in jedem Fall so verfahren darf, zeigt die Reihe $S = 1 - 1 + 1 - 1 + 1 - 1 + \ldots$ Je nachdem, in welcher Reihenfolge man die Summanden zusammenfasst und addiert, erhält man verschiedene Ergebnisse. Es ist also Vorsicht geboten.

Von minderem Interesse sind Reihen der Art $1 + 1 + 1 + \ldots$ Es ist ganz offensichtlich, dass diese keine (endliche) Summe haben.

Zunächst sei daran erinnert, dass eine (unendliche) Reihe $a_1 + a_2 + \ldots + a_n + \ldots$ eine Summe hat (konvergiert), wenn die Folge ihrer Teilsummen, also die Folge $s_1, s_2, \ldots, s_n, \ldots$ wobei $s_n = a_1 + a_2 + \ldots + a_n$, einen Grenzwert hat. Das ist für die zuvor beschriebenen Reihen sicher nicht der Fall, denn die Folgen 1,0,1,0,1,… und 1,2,3,4,… haben ganz offensichtlich keinen Grenzwert.

Wenn die Reihe konvergiert,
dann läuft alles wie geschmiert.
MATHEMATISCHE FOLKLORE

Was aber ist, wenn die Glieder der Reihe (die Summanden) immer kleiner werden?

Gar nicht so harmonisch: Die harmonische Reihe

Betrachten wir die so genannte „harmonische Reihe", also die Reihe $\sum_{1}^{\infty} \frac{1}{n} = 1 + \frac{1}{2} + \frac{1}{3} + \ldots + \frac{1}{n} + \ldots$ Da hier die Summanden immer kleiner werden, könnten wir uns Hoffnung machen, dass es eine endliche Summe gibt, die Reihe also konvergiert. Leider ist diese Hoffnung trügerisch. Man kann nämlich zeigen, dass die Summe größer wird als jede beliebige Zahl, die Reihe also divergiert.

Dazu ersetzt man einige Glieder der Reihe durch kleinere, nämlich $\frac{1}{3}$ durch $\frac{1}{4}$, $\frac{1}{5}$, $\frac{1}{6}$ und $\frac{1}{7}$ jeweils durch $\frac{1}{8}$ usw. und fasst nun die ersetzten Reihenglieder jeweils mit dem nachfolgenden zusammen (deren Summe ist stets $\frac{1}{2}$). Die so konstruierte Reihe hat die Teilsummen s_n', wobei $s_1' = 1$, $s_2' = 1\frac{1}{2}$, $s_4' = 2$, $s_8' = 2\frac{1}{2}$ Diese Reihe hat ganz offensichtlich keinen endlichen Grenzwert, d. h. sie divergiert. Dabei ist jede der Teilsummen dieser Reihe kleiner oder gleich der entsprechenden Teilsumme s_n der ursprünglichen harmonischen Reihe. Da nun die zuletzt beschriebene Reihe divergiert, muss auch die harmonische Reihe divergieren.

Dass es auch anders geht, zeigt eine einfache geometrische Reihe

$$\sum_{1}^{\infty} \frac{1}{2n} = \frac{1}{2} + \frac{1}{4} + \frac{1}{8} + \ldots$$

A42 Berechnen Sie s_1, s_2, s_3 für diese Reihe und geben Sie einen allgemeinen Ausdruck für s_n an, der außer konstanten Größen nur einen von abhängigen Ausdruck a_n enthält! Bestimmen Sie dann $\lim_{n \to \infty} s_n$!

Dass man die Berechnung von Reihen gelegentlich auch geometrisch veranschaulichen kann, zeigt das folgende Beispiel.

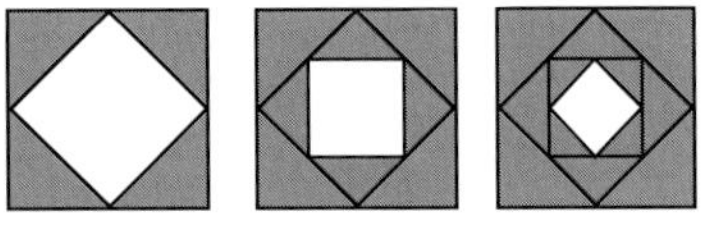

A43 Gegeben sei ein Quadrat mit der Seitenlänge 1. Nun wird folgende Konstruktion vorgenommen: Die Seitenhälften des Quadrats werden verbunden, womit wir ein einbeschriebenes neues Quadrat erhalten. Nun werden die Dreieckflächen eingefärbt. Der Flächeninhalt der eingefärbten Flächen sei mit A_1 bezeichnet. Mit dem inneren Quadrat wiederholt man die beschriebene Prozedur, färbt die neu hinzukommenden Dreiecke wieder ein und bezeichnet die Summe ihrer Flächeninhalte mit A_2. Diese Prozedur wird nun immer weiter fortgesetzt. Die Frage, ob die Reihe $A_1 + A_2 + A_3 + \ldots$ konvergiert, ist jetzt anschaulich mit „ja" zu beantworten, offensichtlich füllen ja diese Dreiecke in ihrer Gesamtheit das ursprüngliche Quadrat vollständig aus. Die beschriebene Reihe hat also die Summe 1. Geben Sie eine arithmetische Darstellung dieser Reihe!

Weitere Aufgaben

A44 Gegeben sei ein Rechteck mit den Seiten *a* und *b*. An dieses wird nun ein weiteres Rechteck angefügt, wobei die Seitenlängen jetzt $a/4$ und $2b$ sind. Das nächste angefügte Rechteck hat die Seitenlängen $a/16$ und $4b$ usw. Dieser Prozess werde unbegrenzt fortgesetzt, d. h. es werden immer neue Rechtecke angefügt, wobei sich die Seitenlängen jeweils in den Verhältnissen 4 : 1 bzw. 1 : 2 zum vorhergehenden Rechteck verändern.

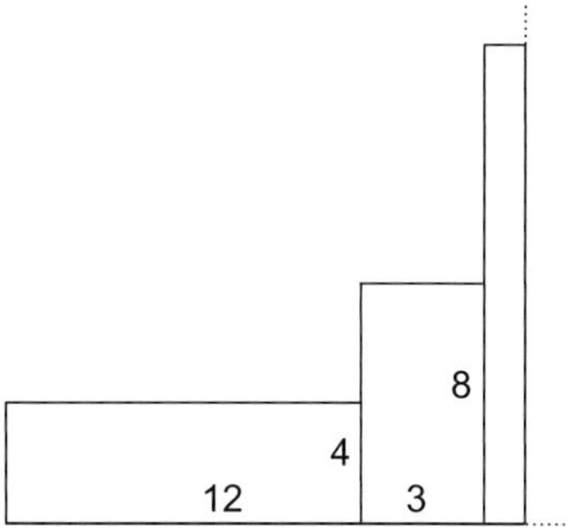

Lässt sich der Flächeninhalt des so konstruierten Gebildes angeben?

A45 Noch einmal soll es um eine „unendliche" Konstruktion gehen, diesmal ist der Umfang der konstruierten Figur von Interesse.

Ausgangspunkt ist ein gleichseitiges Dreieck mit der Seitenlänge 1. Nun wird jede der Seiten in drei gleiche Teile geteilt und auf dem mittleren Teilstück wieder ein gleichseitiges Dreieck errichtet. So entsteht ein zwölfeckiger (sechszackiger) Stern, dessen Seiten im Folgenden wieder in drei gleiche Teile geteilt werden, wobei auf dem mittleren Teilstück wieder ein gleichseitiges Dreieck errichtet wird.

Wie groß ist der Umfang dieser Figur, wenn die Prozedur unendlich oft wiederholt wird?

Ist es hilfreich zu wissen, dass die entstehende Figur zwischen zwei konzentrischen Kreisen eingeschlossen ist?

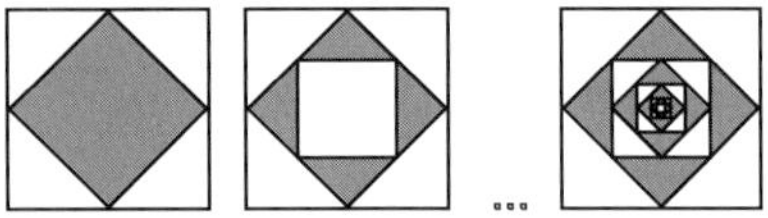

A46 In dieser Aufgabe geht es um die Teilung einer Fläche. Wir beginnen mit einem Quadrat mit der Seitenlänge 1. Man halbiert nun die Seiten und konstruiert aus diesen Punkten ein neues Quadrat, welches schwarz eingefärbt wird. Danach verfährt man nach diesem Muster weiter, das jetzt einbeschriebene Quadrat sei wieder weiß, das folgende schwarz usw. Im Ergebnis erhält man die nebenstehende Figur. Wie groß ist nun die Summe der weißen und wie groß ist die Summe der schwarzen Teilflächen?

2.4 Ungewöhnliches, unsortiert

Vermisst!

Wenn Sie eine Zaubershow besuchen und dort Kaninchen, Tiger oder gar Assistentinnen „verschwinden", so vermuten Sie zu Recht, dass sich dahinter ein technischer Trick, gepaart mit einem geschickten Ablenkungsmanöver verbirgt. Hier aber soll die Rede sein von verschwundenen Geldstücken, Linien, Flächen u. ä. – ganz ohne Magier, aber geht es auch mit rechten Dingen zu?

Die verschwundene Kopeke
(aus einer Aufgabensammlung von L. N. Tolstoi)

A47 Zwei Bäuerinnen verkauften Äpfel, jede 30 Stück. Die erste verkaufte 2 Äpfel für eine Kopeke, die zweite 3 Äpfel für eine Kopeke. Die erste erhielt also 15 Kopeken, die zweite 10 Kopeken für ihre Äpfel. Am folgenden Tag konnte die zweite Bäuerin nicht auf den Markt gehen und bat deshalb die erste, ihre Äpfel mit zu verkaufen. Diese willigte ein und wollte gerecht sein und keinen Vorteil aus der Abwesenheit ihrer Nachbarin ziehen. Sie verkaufte daher an diesem Tag immer 5 Äpfel für zwei Kopeken. Bei Marktschluss hatte sie ihre

30 Äpfel und die 30 Äpfel ihrer Nachbarin verkauft, aber mit Schrecken musste sie feststellen, dass sie nur 24 Kopeken eingenommen hatte. Dabei hatte sie doch erwartet, dass sie genau soviel einnimmt, wie sie und ihre Nachbarin am Vortag eingenommen hatten, also 25 Kopeken. Wieso fehlt eine Kopeke?

Andere Länder – andere Preise

A48 Eines Abends kamen drei Touristen in einem Gasthof in der Normandie an. Sie einigten sich mit dem Wirt auf einen Zimmerpreis von 100 Franc pro Nacht. Nachdem die Gäste gezahlt hatten und auf ihre Zimmer gegangen waren, erinnerte sich der Wirt, dass er Gruppen ab drei Personen 50 Franc Nachlass zugesichert hatte. Er schickt also seinen Praktikanten mit dem Auftrag, den Touristen 50 Franc zurückzugeben, zu den Gästen auf die Zimmer. Der Praktikant aber war nicht so gewissenhaft wie der Wirt, er war sogar ziemlich gewissenlos. Da er nicht wusste, wie er 50 Franc an drei Personen verteilen soll, steckte er 20 Franc in die eigene Tasche und gab jedem der drei Gäste 10 Franc zurück. Alle waren zufrieden, doch der Praktikant wunderte sich: „Die Gäste haben insgesamt $(100-10)\cdot 3=270$ Franc bezahlt, ich habe 20 Franc behalten, das ergibt 290 Franc. Der Wirt hatte jedoch 300 Franc erhalten, wo sind dann 10 Franc geblieben?"

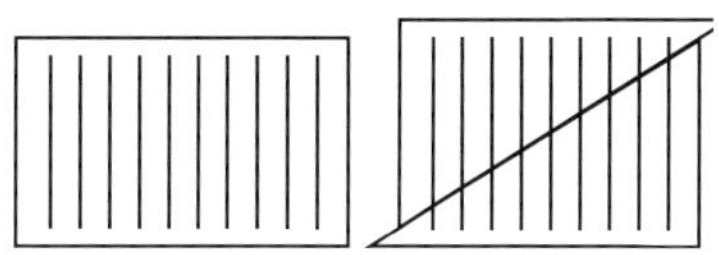

A49 Man zeichne auf einem rechteckigen Blatt Papier in jeweils gleichen Abständen zehn gleich lange Linien. Nun zerschneidet man das Blatt entlang der Diagonalen. Verschiebt man jetzt den unteren Teil entlang der Diagonalen um den Abstand zweier Linien, so stellt man fest, das auf dem Blatt plötzlich nur noch neun Linien sind. Verschiebt man den unteren Teil wieder in die ursprüngliche Position, so sind es wieder zehn Linien. Wo hatte sich die zehnte Linie zwischenzeitlich „versteckt"?

Noch unerwarteter ist das Beispiel mit den sechs Köpfen. Wenn man diese Darstellung entlang der gestrichelten Linie schneidet und um einen Kopf verschiebt, so geht ein Gesicht verloren, es bleibt nur der Hut übrig. Wie ist das möglich?

Unerhörtes – flächendeckend

Die nachfolgenden Aufgaben beschreiben Fälle, wo durch das Zerschneiden und erneute Zusammensetzen von ebenen Figuren Teilflächen verschwinden. In manchen dieser Aufgaben vergrößert sich auch der Flächeninhalt, aber Sie haben sicher sofort eingesehen, dass dies dieselbe Fragestellung ist, wenn man nur die Aufgabe „umgekehrt" betrachtet, also Ausgangs- und die Endfigur vertauscht und die Manipulationen in ihr Gegenteil umkehrt.

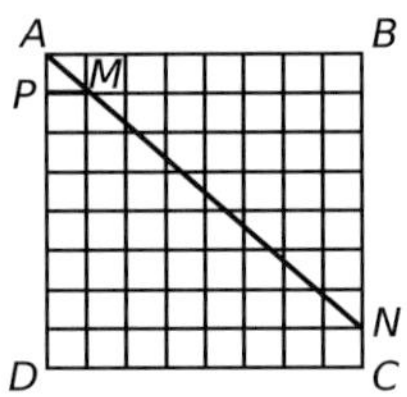

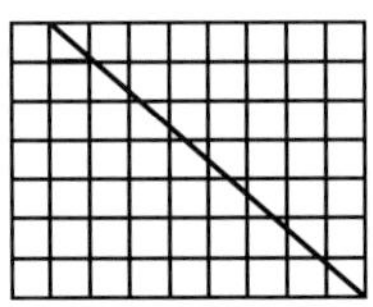

A50 Kann man aus einem Quadrat mit *64* Flächeneinheiten (man denke etwa an ein Schachbrett) ein Rechteck mit *63* Flächeneinheiten machen? Ganz einfach, wie die folgende Zerlegung zeigt. Man zerlegt das Quadrat ABCD in drei Teile: das Dreieck *ANB*, das Dreieck *AMP* und das Fünfeck *MNCDP*. Durch Umlegen der Dreiecke erhalten wir ein aus den gleichen Teilen zusammengesetztes Rechteck. Dieses müsste natürlich denselben Flächeninhalt haben wie das Ausgangsquadrat. Die Abbildung zeigt jedoch, dass dieses Rechteck jetzt $7 \cdot 9 = 63$ Flächeneinheiten hat, ein Teilquadrat ist verschwunden. Gibt es dafür eine Erklärung?

Man kann nun durch Zerlegen und erneutes Zusammensetzen Flächeninhalte nicht nur verkleinern, sondern auch vergrößern.

A51 Ein Rechteck der Größe $11 \cdot 13$ wird entlang der Diagonale zerschnitten und die beiden Teile gegeneinander verschoben, wie auf der Abbildung ersichtlich. Der Flächeninhalt der so entstandenen Figur beträgt nun offensichtlich $12 \cdot 12 + \frac{1}{2} + \frac{1}{2} = 145$ Flächeneinheiten. Zuvor waren es aber nur $11 \cdot 11 = 143$. Sind dies vielleicht die Fälle, wo man davon spricht, „einen Schnitt gemacht" zu haben?

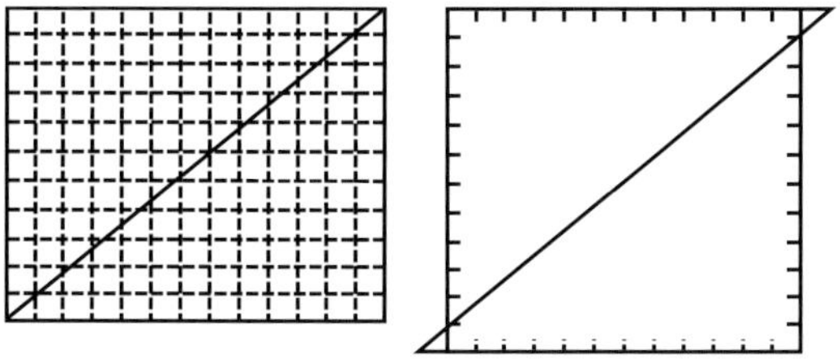

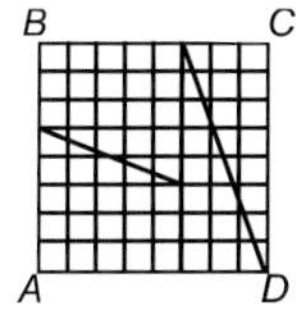

A52 Das Quadrat *ABCD* mit dem Flächeninhalt $A = 64$ wird, wie in der Abbildung gezeigt, in vier Teile zerlegt. Aus diesen Teilen werden nun nacheinander ein Dreieck, ein Rechteck und ein konkaves Achteck gebildet. Da alle Figuren aus den gleichen Teilen zusammengesetzt sind, müssten sie auch denselben Flächeninhalt haben. Aber ein Blick auf die Figuren zeigt, dass das Rechteck und das Dreieck *65* Einheitsquadrate enthalten, das Achteck aber nur *63*. Haben wir damit nachgewiesen, dass $63 = 64 = 65$?

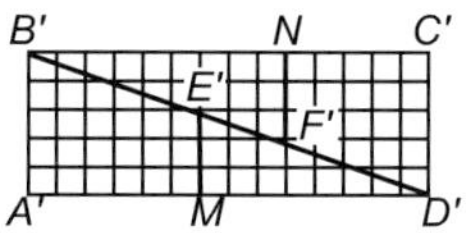

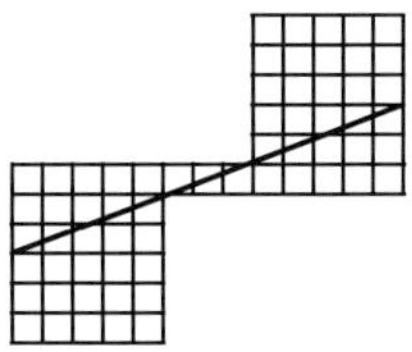

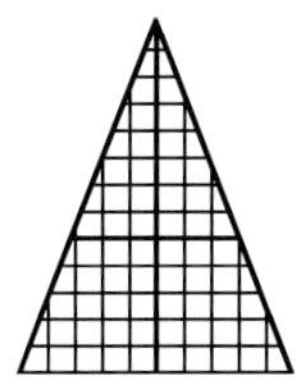

Die Aufgabe soll jetzt noch etwas verallgemeinert werden. In unserem Beispiel wurde das Quadrat so zerlegt, dass $x = 5$ und $y = 3$ war. Ganz offensichtlich dürfen wir x und y nicht beliebig wählen. Hätten wir, z. B., $x = 6$ und $y = 2$ gewählt, so könnten wir aus den beiden Dreiecken und den beiden Trapezen kein Rechteck zusammensetzen, denn die Linie B_1D_1 wäre dann ein Polygonzug und keine Strecke. Für den gewählten Fall aber ist die Fläche des Rechtecks $A_1 = 65$.

Zerteilen wir nun ein Quadrat mit dem Flächeninhalt *169* Flächeneinheiten so, dass $x = 8$ und ist, $y = 5$ so können wir aus den Drei-

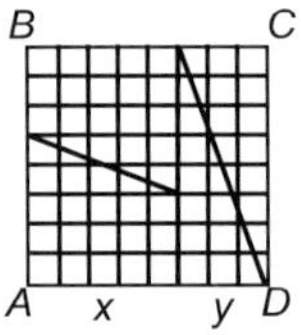

ecken und Trapezen ein Rechteck mit den Seitenlängen $2x + y = 2 \cdot 8 + 5 = 21$ und $x = 8$ bilden, dessen Flächeninhalt $A_1 = 168$ ist.

Zerlegen wir ein Quadrat mit dem Flächeninhalt $A = 21 \cdot 21 = 441$, so, dass $x = 13$ und $y = 8$ ist, so erhalten wir ein Rechteck mit dem Flächeninhalt $A_1 = (2x + y)x = (2 \cdot 13 + 8) \cdot 13 = 442$.

Für ein Quadrat mit dem Flächeninhalt $A = 34 \cdot 34 = 1156$ ergibt sich für $x = 21$ und $y = 13$ ein Rechteck mit dem Flächeninhalt $A_1 = (2x + y)x = (2 \cdot 21 + 13) \cdot 21 = 1155$.

Das ist nun doch erstaunlich. Bei der einen Variante erhalten wir durch Zerlegen und Zusammensetzen den Effekt, dass ein Quadrat verschwindet $(A_1 - A = 1)$, bei anderen Ausgangsmaßen, aber ansonsten derselben Verfahrensweise, erzeugen wir ein überflüssiges Einheitsquadrat $(A_1 - A = 1)$. Beides widerspricht unseren Erwartungen, sollte doch die Summe der Flächeninhalte stets gleich sein, wie wir die Figur auch immer zusammensetzen. Ähnliche Überraschungen erwarten uns auch, wenn wir aus den Teilen des Quadrats ein Dreieck bilden.

A53 Anhand von Rechtecken, die zerlegt und wieder zusammengesetzt werden, weisen wir nach, dass $104 = 105$, $168 = 170$, $15 = 16$.

Man zerlegt ein Rechteck mit dem Flächeninhalt $8 \cdot 13 = 104$ in vier Teile und setzt aus diesen erneut ein Rechteck zusammen. Dieses hat den Flächeninhalt $5 \cdot 21 = 105$.

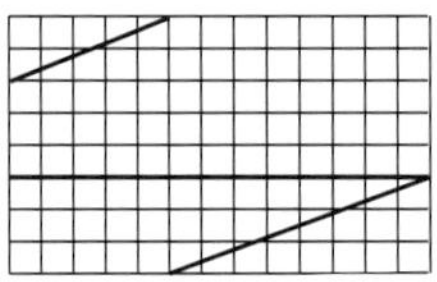

8 x 13 = 104

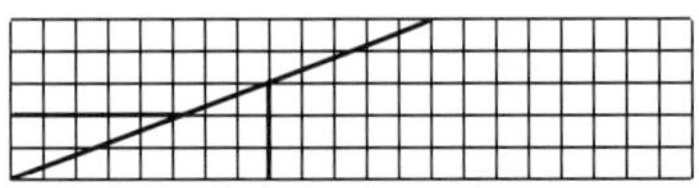

5 x 21 = 105

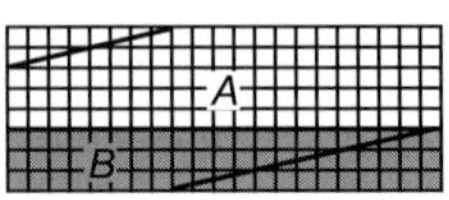

Ähnliches geschieht mit dem links dargestellten Rechteck, dabei vergrößert sich der ursprüngliche Flächeninhalt $8 \cdot 21 = 168$ gleich um zwei Einheiten $(5 \cdot 34 = 170)$.

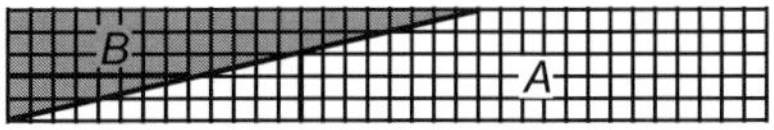

Bei dem folgenden Rechteck teilen wir drei Dreiecke ab und vertauschen nur die Dreiecke B und C. Der Flächeninhalt des ursprünglichen Rechtecks verändert sich nicht. Was aber ist mit der grau eingefärbten Restfläche? Ursprünglich nahm sie 16 Flächeneinheiten ein, jetzt sind es nur noch 15.

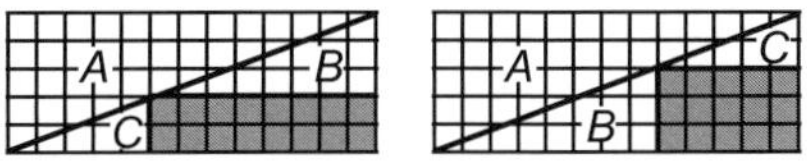

A54 Das rechts abgebildete Dreieck mit dem Flächeninhalt *60* wird zerlegt und erneut zu einem Dreieck mit gleicher Höhe und gleicher Grundfläche zusammengesetzt. Diesmal aber bleiben zwei Flächeneinheiten unbedeckt. Damit nicht genug, setzt man die Teile jetzt zu einem Sechseck zusammen, so ist dessen Flächeninhalt nur noch *59*.

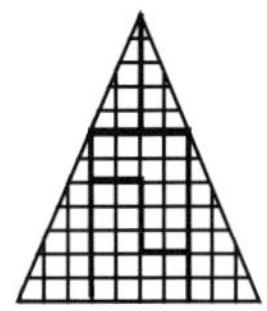

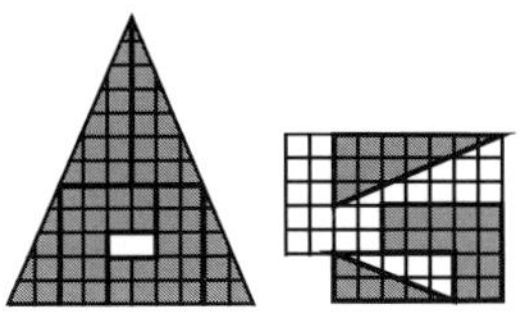

A55 Ein weiteres Mal soll ein Quadrat in vier Teile zerlegt werden. Dabei sollen die Schnitte durch den Mittelpunkt des Quadrats und senkrecht zueinander gelegt werden. Setzen wir das Quadrat nun erneut zusammen, so bleibt in der Mitte ein Quadrat frei. Wie bestimmt man dessen Größe?

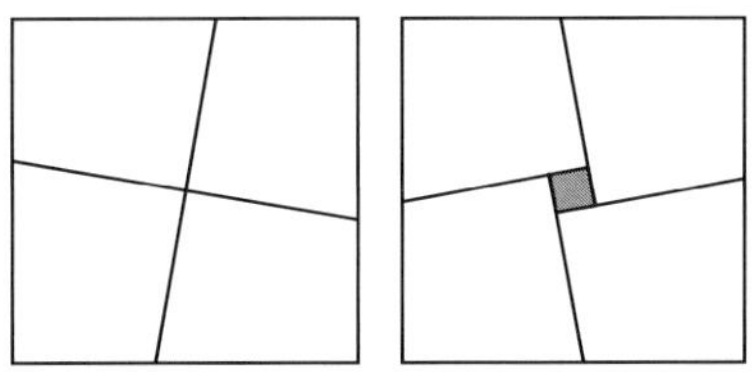

Man kann sich leicht davon überzeugen, dass dies auch mit einem Rechteck möglich ist.

Weitere interessante Aufgaben

A56 Gegeben seien ein Würfel mit der Kantenlänge a und drei Zylinder, jeder mit dem Durchmesser $\frac{a}{2}$ und der Höhe a. Kann man die Zylinder so in dem Würfel unterbringen, dass sie sich nicht bewegen können?

A57 Vor langer Zeit hatte ein König beschlossen, sein Reich in fünf Provinzen aufzuteilen, die er an seine fünf Söhne vererben wollte. Dabei sollten jede der Provinzen mit jeder der vier anderen eine gemeinsame Grenze haben. Nachdem er es selbst mehrfach versucht hatte, bat er seinen Geometer um Rat. Was antwortete dieser dem König?

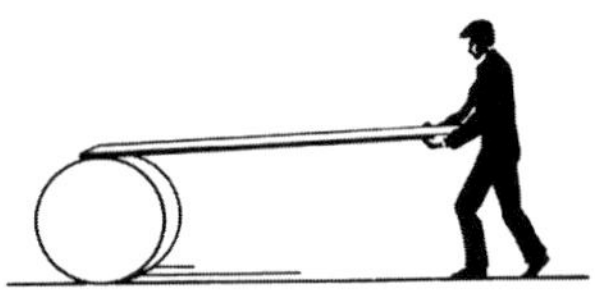

A58 Ein Junge hält das Ende eines Bretts der Länge l. Das andere Ende liegt auf einer zylinderförmigen Rolle. Nun schiebt der Junge mit dem Brett die Rolle vor sich her, wobei wir annehmen, dass das Brett nicht rutscht. Stößt der Junge an den Zylinder und, wenn ja, nach welcher Strecke?

A59 Ein Römer hinterließ ein Testament zugunsten seiner Frau und seines noch ungeborenen Kindes. Falls ein Sohn geboren wird, so solle er doppelt so viel von der Hinterlassenschaft erben wie die Frau. Wenn eine Tochter geboren wird, so solle sie halb soviel erhalten wie die Frau. Die Frau aber gebar Zwillinge, einen Jungen und ein Mädchen. Offensichtlich hatte der Erblasser diese Möglichkeit nicht bedacht. Wie müsste jetzt das Erbe geteilt werden, um seinem Wunsch zu entsprechen?

Immer wieder verblüffend

A60 Entlang einer Straße sind in je 30 m Abstand Straßenlaternen aufgestellt, wobei die erste Laterne unmittelbar am Straßenanfang, die letzte am Ende der Straße steht. Die Straße ist 3 km lang. Wahlhelfer haben nun den Auftrag, an jedem Laternenpfahl ein Plakat aufzuhängen. Sie nehmen also genau 100 Plakate und beginnen ihr Werk. Am Ende stellen sie fest, dass ihnen ein Plakat fehlt. Hatten sie sich verzählt, oder warum haben die Plakate nicht gereicht?

Eine andere Variante dieser Aufgabe lautet folgendermaßen: Ein Autofahrer will seinen Kilometerzähler überprüfen. Er fährt deshalb auf einer geraden, trockenen Straße mit gleich bleibender Geschwindigkeit. Sein Beifahrer stellt den Kilometerzähler auf Null, als sie den ersten Begrenzungspfahl passieren und stoppt den Fahrer am zwanzigsten Pfahl. Wie wir wissen, stehen die Pfähle in jeweils 50 m Abstand. Der Kilometerzähler zeigt aber nicht einen Kilometer an, sondern 950 m. Als der Fahrer deshalb die Werkstatt aufsucht, und die Vermutung äußert, dass sicher auch seine Tachometeranzeige nicht korrekt ist, lacht der Meister und beruhigt ihn. Zu Recht?

2.5 Lösungen und Kommentare

A1 Zugegeben, eine merkwürdige Aufgabe. Die Antwort ist offensichtlich, natürlich ist genügend Platz zwischen Ball und Seil für eine Maus. Selbstverständlich kann man auch berechnen, wie viel Platz zwischen Ball und verlängertem Seil bleibt. War das Seil ursprünglich ca. 3,14 m lang ($u = \pi \cdot d$), so ist es nach Einfügen des neuen Teilstückes ca. 4,14 m lang, der Durchmesser des Kreises, den das Seil aufspannt, beträgt also ca. 1,32 m, damit ist der Radius dieses Kreises etwa 0,16 m größer als der Radius der Kugel; das reicht nicht nur für eine Maus, sondern auch für den Kater des Studiobetreibers.

A2 Ein Feldversuch scheitert aus vielerlei Gründen, könnte aber ein sehr überzeugendes Argument für Skeptiker sein, die Ihnen nicht glauben wollen, dass auch in diesem Fall die Maus unter dem Seil durchläuft. Also bleibt nur: Rechnen. Es ist $u = 2\pi \cdot r$ und $u_1 = 2\pi \cdot r_1$, wobei u den Umfang und r den Radius der Erde, u_1 entsprechend den Umfang und r_1 den Radius des vom Stahlseil gebildeten Kreises bezeichnen. Wir wissen ferner, dass $u_1 = u + 1$, somit gilt $2\pi(r + 1) = 2\pi r_1$, also $2\pi r_1 - 2\pi r = 1$. Die gesuchte Größe ist folglich

$$\Delta r = r_1 - r = \frac{1\,\text{m}}{2\pi} \approx 16\,\text{cm}.$$

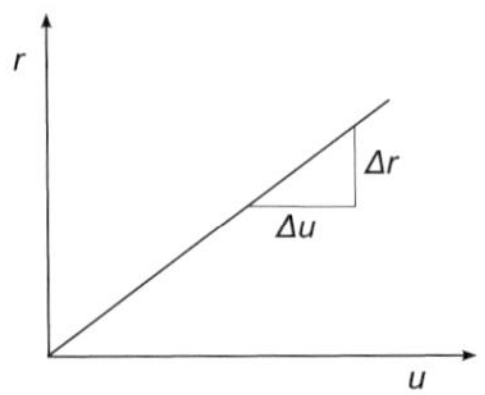

Wenn also die Maus nichts vom Faden (Seil) abbeißt, so ist es völlig egal, wie groß die Kugel ist: Wann immer wir das Seil um einen Meter verlängern, der Zuwachs des Radius beträgt stets etwa 16 cm. Gerade das macht ja das Wesen einer linearen Abhängigkeit aus. Wie gering die *relative* Verlängerung des Stahlseils in dieser Aufgabe ist, spielt überhaupt keine Rolle

A3 Es sei $\sphericalangle AOO' = \sphericalangle A'OO' = \alpha$. (Natürlich sind $\sphericalangle OAO'$ und $\sphericalangle O'A'O$ rechte Winkel.) Dann gilt $l_1 = (2\pi - 2\alpha)\, r + 2b$, wobei $b = |AO'| = |O'A'|\, r \tan\alpha$. Da α sehr klein ist, kann man eine Näherungsformel für den Tangens verwenden:

$$\tan\alpha = \alpha + \frac{\alpha^3}{3}.$$

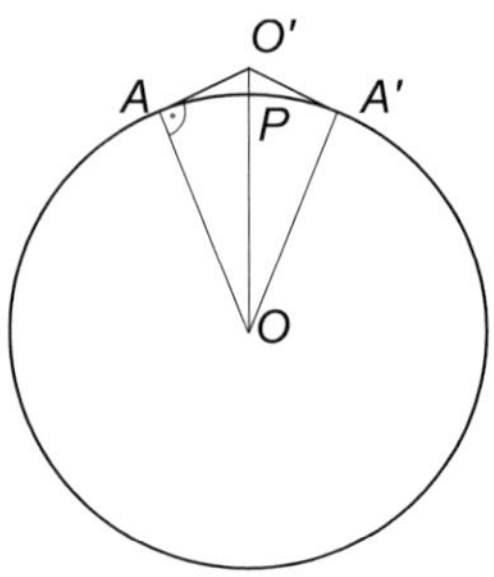

Damit erhält man

$$l_1 = (2\pi - \alpha)\, r + 2r\left(\alpha + \frac{\alpha^3}{3}\right) = 2\pi r + \frac{2}{3} r\alpha^3 = l_0 \frac{2}{3} r\alpha^3.$$

Somit ist $\Delta l = \frac{2}{3} r\alpha^3$ oder $\alpha = \sqrt[3]{\frac{3\Delta l}{2r}}$. Von Interesse ist jedoch nicht der Winkel α, sondern $h = |O'P|$. Wegen $h = |O'P| = |O'O| - |OP| = \frac{|OA|}{\cos\alpha} - |OP| = r\left(\frac{1}{\cos\alpha} - 1\right)$. Wieder verwendet man Näherungsformeln für die Kosinusfunktion, $\cos\alpha \approx 1 - \frac{\alpha^2}{2}$, daher, so dass man endgültig für die Höhe h erhält:

$$h = r\frac{\alpha^2}{2} = \sqrt[3]{\frac{9}{32}(\Delta l)^2 r^2}.$$ Setzt man nun den Erdradius r mit 6400 km an, so ergibt sich $h \approx 122\,\text{m}$.

A4 Falls ein Elefant am Äquator vor diesem Problem stehen sollte, sprechen Sie ihm Mut zu! Durch die Erwärmung verlängert sich das Stahlseil um $40 \cdot 10^6\,\text{m} \cdot 10^{-5} = 400\,\text{m}$, der Radius des damit aufzuspannenden Kreises vergrößert sich somit um 63,6 m!

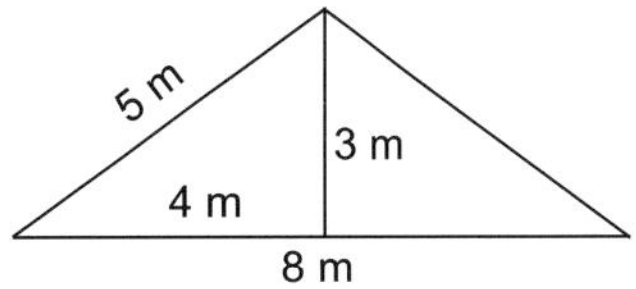

A5 Selbst ein überdurchschnittlich großer Mensch wird wohl (mindestens) einen Stuhl benötigen. Die Höhe des aufgespannten Dreiecks ergibt sich aus dem Satz des Pythagoras (s. auch A6) und beträgt schließlich genau 3 m ($h = \sqrt{5^2 - 4^2} = 3$).

A6 Schwer zu glauben, aber die Höhe des aufgespannten Dreiecks ist ganz erheblich. Wir wollen eine allgemeine Formel für die Berechnung der Höhe aufzeigen und erst dann die Berechnung für den konkreten Fall anstellen. Nach dem Satz des Pythagoras gilt für die Höhe $h = \sqrt{\left(\frac{l + \Delta l}{2}\right)^2 - \left(\frac{l}{2}\right)^2} = \sqrt{\frac{l^2 + 2l \cdot \Delta l + (\Delta l)^2 - l^2}{4}}$

$= \sqrt{\frac{2l \cdot \Delta l + (\Delta l)^2}{2}}$, also ist im konkreten Fall $h \approx 89{,}4\,\text{m}$.

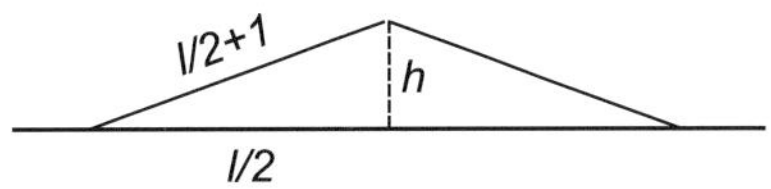

Das erscheint nun erneut überraschend, aber die allgemeine Formel für die Höhe h verweist jetzt auf eine Abhängigkeit nicht nur von der Verlängerung Δl, sondern auch von l selbst. Hätte man das Seil nur um 20 cm verlängert, so betrüge der Höhengewinn immer noch mehr als 28 m!

A7 In der Aufgabe A5 beträgt die Steigung 75 %, in der Aufgabe A6 nur etwa 2,2 %. Und dort erreicht das Seil die geforderte Höhe. Damit ist auch schon gesagt, dass die geplante Rampe nur etwa 2 m zusätzlichen Schienenunterbau und Gleismaterial erfordert, die Kosten hierfür dürften eindeutig unter denen für das teilweise Abtragen des Hügels liegen.

A8 Nur gut, dass in der Aufgabe selbstverständlich der Wasseranteil in Gewichts-, nicht in Volumenprozenten angegeben ist, sonst hätte der LKW-Fahrer schon vor dem Wiegen Probleme bekommen. Sicher hat der LKW-Fahrer keine Ladung veruntreut, denn wenn bei der Abfahrt der Wasseranteil der Beeren 99 % betrug, so war die Trockenmasse nur 1 % von einer Tonne, also 10 kg. Nach der Ankunft sind diese 10 kg Trockenmasse genau 2 % der Gesamtmasse der Beeren, letztere beträgt also jetzt nur noch 0,5 t.

Also alles wie gehabt!

A9 Der Ratschlag kann nur heißen: Vorsicht beim Addieren von Prozenten, es geht oft schief! Hier ist von unabhängigen Verbesserungen die Rede, dass heißt also, dass jede von ihnen x Prozent Einsparung relativ zum vorherigen Zustand bewirkt. Dann ist der Gesamteffekt wie folgt zu ermitteln: Nach der ersten Verbesserung benötigt die Maschine nur noch 60 %, nach der zweiten nur noch 65 % davon und nach der dritten nur noch 75 % des unmittelbar vorhergehenden Brennstoffverbrauchs. Das sind relativ zum ursprünglichen Verbrauch nunmehr nur noch $0{,}6 \cdot 0{,}65 \cdot 0{,}75 = 0{,}2925$ Teile, also ca. 29 %. Die Einsparung beträgt damit ca. 71 %. Man beachte auch, dass aus unserer Berechnung auch ersichtlich ist, dass die Reihenfolge, in der die Einsparungen vorgenommen werden, ohne Einfluss auf das Gesamtergebnis bleibt.

A10 Was für die Addition von Prozenten gilt, gilt selbstredend auch für die Subtraktion. Der Buchhalter hatte guten Grund zu lachen, denn nach dem Vorschlag des Geschäftsführers hatten die Ziffern wieder die ursprüngliche Größe: Waren sie zunächst um 50 % von 6 cm auf 9 cm vergrößert worden, so brachte die nachfolgende Verkleinerung um 33,3 % von 9 cm (das sind gerade 3 cm!) die Ziffern auf die ursprüngliche Größe.

A11 Ein cleverer Kaufmann, keine Frage. Für die Nägel in den Hufeisen müssen Sie $\frac{1}{4} + \frac{1}{2} + 1 + 2 + 2^2 + \ldots + 2^{21}$ Kopeken bezahlen, das sind genau 4194303 und ¾ Kopeken. Aber man kann sich die genaue Rechnung schenken, wenn man sich darüber im Klaren ist, dass schon der letzte Nagel $2^{21} = 2\,097\,152$ Kopeken, also fast 21 000 Rubel kostet!

A12 Das gefaltete Blatt wäre 2^{40} mal dicker als ursprünglich, das sind $0{,}1 \cdot 2^{40}\text{mm} \approx 110\,000\,\text{km}$. Dies entspricht etwa einem Drittel der Entfernung von der Erde zum Mond.

A13 Ursprünglich waren 127 Eier am Lager. Eine Tabelle macht dies anschaulich:

Kunde	verkauft	Bestand	Rest
1.		127	
	64		63
2.		63	
	32		31
3.		31	
	16		15
4.		15	
	8		7
5.		7	
	4		3
6.		3	
	2		1

Man sieht leicht, dass diese Aufgabenstellung auf eine beliebige Zahl n von Kunden verallgemeinert werden kann, wenn genau $2^{n+1} - 1$ Eier am Lager sind.

Wenn Sie schon Ihre Kamele vererben, sollten Sie nicht auf zufällige Wanderer hoffen!

A14 Das Problem liegt zuerst im nachlässig verfassten Testament. Es ist nämlich $\frac{1}{2}+\frac{1}{3}+\frac{1}{9}=\frac{17}{18}$. Wie groß die Herde auch immer sein möge, wird nach Testament aufgeteilt, so bleibt $\frac{1}{18}$ des Erbes herrenlos. Dank der Hilfe des Wanderers wurde dieses Problem vermieden, denn den Rest ($18 \cdot \frac{1}{18}=1$) nahm sich der Wanderer wieder. Aber das Testament wurde nicht genau, sondern nur annähernd erfüllt, es blieb ja kein Rest der ursprünglichen Herde. Faktisch erhielt der älteste Sohn $9-\frac{17}{2}=\frac{1}{2}$, der mittlere $6-\frac{17}{3}=\frac{1}{3}$, der jüngste $2-\frac{17}{9}=\frac{1}{9}$ Kamele zuviel.

ignoratio elenchi (irrelevanter Schlußsatz)
(Vertauschung der Behauptung)

Im Grunde liegt hier eine ignoratio elenchi (Vertauschung der Behauptung) vor. Man kann sich aber auf den Standpunkt stellen, dass dem Geist, wenn auch nicht dem Buchstaben des Testaments Genüge getan wurde. Und wenn, wie festgestellt, alle zufrieden waren …

Alles hat ein Ende, nur die Brücke hat zwei!

A15 Jede Brücke hat zwei Enden, also muss die Gesamtzahl aller Brückenenden gerade sein! Aus der Erzählung des Reisenden ergibt sich aber, dass es insgesamt

$5 \cdot 1 + 4 \cdot 4 + 3 \cdot 3 + 1 \cdot 1 = 31,$

also eine ungerade Zahl von Brückenenden gab. Daraus konnte der Zuhörer leicht auf einen Irrtum des Reisenden schließen.

A16 Wenn man ein Stück Papier in sieben Teile zerschneidet, so erhöht sich die Anzahl der Teile um sechs. Nach jedem Schnitt muss folglich die Zahl der Teilstücke ein Vielfaches von sechs sein, das trifft für 67 nicht zu.

A17 Das ist natürlich eine „Milchmädchenrechnung". Die einzelnen Rechenschritte sind wohl korrekt, aber der Ansatz der Aufgabe ist falsch. Besonders eifrige Schüler könnten natürlich einwenden, dass man auch während der Ferien, beim Essen oder Fernsehen Hausaufgaben machen kann. Aber selbst das ist noch nicht entscheidend. Wichtiger ist, dass verschiedene Zeiten mehrfach von der insgesamt verfügbaren Zeit abgezogen wurden. So schläft und isst man auch an Ferien-, Sonn- und Feiertagen, andererseits fallen Wege- und Pausenzeiten (sie wurden für alle Tage des Jahres berechnet und abgezogen) nur an den Schultagen an. Es bleibt also noch etwas Zeit, nicht nur für Hausaufgaben!

Ein schwacher Trost: Dann bleibt auch noch Zeit, den Mülleimer runter zu tragen.

Wie aufrichtig auch immer Ihre Bemühungen sein sollten, die für die nachfolgenden Aufgaben typischen Fehler sollten Sie vermeiden. Umformungen von Gleichungen sind nur dann zulässig, wenn sie die Gleichheit erhalten. Garantiert ist dies u. a. für die Addition/Subtraktion eines beliebigen Terms, die Multiplikation beider Seiten mit einem beliebigen Faktor oder das Potenzieren beider Seiten. In den angeführten Beispielen sind gerade solche Fälle behandelt, wo eine Umformung die ursprüngliche Gleichheit nicht aufrecht erhält.

A18 Eine Division durch 0 ist nicht gestattet, d. h. Ausdrücke der Form $a:b$ sind für den Fall, dass $b=0$, nicht erklärt. Mit gutem Recht, denn der Quotient $a:b$ ist definiert als diejenige Zahl, die, mit b multipliziert, a zum Ergebnis hat. Und falls $b=0$, so hat jedes Produkt mit b den Wert 0.

Genau dies ist aber in beiden Lösungsvarianten erfolgt. Im ersten Fall ist dies offensichtlich:

Für die Division durch $(2x+5)$ muss man sich vergegenwärtigen, dass x so gewählt wurde, dass gilt: $6x+15=10x+25$, mithin $0=4x+10$, also $0=2x+5$. Dann aber ist die letzte Umformung im Beispiel nicht zulässig, unser Nachweis also nicht korrekt.

Gerade die letzte Variante macht deutlich, dass eigentlich vor jeder Division (und jeder auf Division beruhenden Umformung – etwa beim Kürzen von Brüchen) zu prüfen ist, ob bzw. festzuhalten ist, dass der fragliche Divisor ungleich 0 ist!

Für beliebige a und b und x gilt: Falls $a=b$, so auch $a\cdot x=b\cdot x$ (auch für $x=0$). Für die 0 (und nur für sie!) gilt zudem $a\cdot 0=b\cdot 0$, gleichgültig, ob $a=b$. Wenn wir also von $a\cdot x=b\cdot x$ auf die Gleichung $a=b$ schließen wollen, so muss $x\neq 0$ sein.

A19 Vorsicht beim Radizieren (Wurzelziehen)! Das Muster dieses „Nachweises" ist Folgendes:

Sicher ist $(-2) \cdot (-2) = 2 \cdot 2$, also $(-2)^2 = 2^2$. Radiziert man nun beide Seiten, so lautet das Ergebnis $-2 = 2$, Grund genug, im Bereich der reellen Zahlen das Radizieren mit geradzahligen Exponenten nicht als Umformungsregel für Gleichungen zuzulassen.

A20 Gut gemeint, aber auch hier gilt: So nicht! Ausklammern heißt, gemeinsame Faktoren einer algebraischen Summe oder eines Produkts herauszunehmen und vor einen entsprechenden Klammerausdruck zu setzen. Für unser Beispiel hieße dies in $4 : 4 = 5 : 5$, also $4 \cdot \frac{1}{4} = 5 \cdot \frac{1}{5}$ jeweils 4 bzw. 5 auszuklammern, aber dann erhalten wir $4\left(1 \cdot \frac{1}{4}\right) = 5\left(1 \cdot \frac{1}{5}\right)$. Falls man auch in den zweiten Faktoren 4 bzw. 5 ausklammert, wie in unserer „Musterlösung" geschehen, so gelangt man zu $\frac{4}{4}(1 \cdot 1) = \frac{5}{5}(1 \cdot 1)$, also $1 = 1$.

Gleich*ung* versus Gleich*heit*
Eine Gleich*ung* ist ein bestimmter Typ mathematischer Ausdrücke, mit Gleich*heit* von A und B drücken wir aus, dass die Gleichung $A = B$ wahr ist. Ähnlich verhält es sich mit „äußern" und „behaupten".

Siehe auch Abschnitt 1.4

A21 Gelegentlich führt eine Anhäufung von Fehlern ja zu einem korrekten Ergebnis, hier nicht. Welche Fehler sind hier im Einzelnen festzustellen? Zunächst ist $4 = 5$ ein Gleichungsausdruck, aber keine zutreffende Behauptung über Gleichheit. Die vorgenommenen korrekten Umformungen machen aus einer Gleichheit wieder eine Gleichheit, aber auch – und das ist hier wichtig – aus einem falschen Gleichungsausdruck $(4 = 5)$ wieder nur einen falschen Gleichungsausdruck $(n = 0)$.

Zudem sind die gemachten Voraussetzungen in sich widersprüchlich, man kann nicht zugleich annehmen, dass $4 = 5$ und außerdem $4 \neq 5$ (in der „Herleitung" in der Form $4 - 5 \neq 0$ vorausgesetzt). Es ist eine elementare logische Einsicht, dass aus Widersprüchlichem Beliebiges folgt.

A22 Alles wäre wunderbar, wenn wir nicht die Voraussetzung übersehen hätten. Es seien x, y und z solche Zahlen. dass $\frac{3y-4z}{3y-8z}=\frac{3x-z}{3x-5z}$ gilt. Diese Bedingung ist aber gleichwertig zu $(3y-4z)\cdot(3x-5z)=(3x-z)\cdot(3y-8z)$, also $y=z+x$ und damit $3y-3z-3x=0$. Der fragliche Ausdruck ist also nicht gleich 1, sondern undefiniert, weil wieder durch Null (diesmal in der Form $3y-3z-3x$) dividiert wurde.

A23 Zur ersten Variante. Wenn wir $a=b+c$ setzen, dann ist natürlich $b+c-a=0$, also wurde wieder durch 0 dividiert.

Der zweite Nachweis dieser Behauptung ist korrekt bis zu dem Punkt, wo wir aus beiden Seiten der Gleichung $(a-c)^2=(b-c)^2$ die Wurzel ziehen. Korrekt ist lediglich die Feststellung $|a-c|=|b-c|$. Für die konkret vorgegebenen Werte für a, b und c gilt aber $|a-c|=c-a$ und $|b-c|=b-c$, so dass wir schließlich wieder bei der Gleichung $c-a=b-c$ ankommen, also $2c=a+b$. Die Unkorrektheit bei diesem Nachweis lag also an der Nichteindeutigkeit des Radizierens.

Für den dritten „Nachweis" sind etwas ausführlichere Anmerkungen angebracht. Zum einen ist es höchst suspekt, dass wir einmal $a=b+1$ setzen und kurz darauf $a=b=4$. Diese beiden Voraussetzungen sind widersprüchlich und schon deshalb nicht gemeinsam zu erfüllen. Ein Prinzip der klassischen Logik ist aber das ex contradictio sequitur quodlibet, ein Gesetz, wonach aus Widersprüchlichem Beliebiges folgt, u. a. eben auch $4=5$. Es sei dazu auf den Abschnitt 1.4 verwiesen.

ex contradictio sequitur quodlibet

Außerdem haben wir uns erneut einer zweifelhaften Schlussweise bedient. Allein aus der Tatsache, dass der Gleichungsausdruck (*) $a^2+b^2=2ab+a-b$ für $a=b=4$ erfüllt ist, können wir nicht schließen, dass die ursprüngliche Gleichung von diesen Zahlenwerten erfüllt wird! In der Tat, $a^2+b^2=2ab+a-b$ kann man umformen zu $a^2-2ab+b^2=a-b$ oder zu $(a-b)^2=a-b$. Nun sieht man, dass die Gleichung (*) erfüllt ist, wenn $a-b=0$, also $a=b$, aber auch für $a-b=1$, also $a=b+1$.

Zweifelhafte Voraussetzungen
+ Zweifelhafte Schlussweisen

Verzweiflung
(angesichts der Ergebnisse)

A24 Hier wurde korrekt gearbeitet – bis auf den letzten Schritt! Aus der Gleichheit der Quadrate zweier Zahlen können wir nicht auf die Gleichheit der beiden Zahlen schließen. Es sind lediglich ihre absoluten Beträge gleich. In der Tat, wir können

$\left[(n+1)-\frac{1}{2}(2n+1)\right]^2=\left[n-\frac{1}{2}(2n+1)\right]^2$ ja auch etwas einfacher darstellen, dann wird der Fehler offensichtlicher. Es ist

$(n+1)-\frac{1}{2}(2n+1)=n+1-n-\frac{1}{2}=\frac{1}{2}$, $n-\frac{1}{2}(2n+1)=-\frac{1}{2}$, somit wird unsere Gleichung zu $\left(\frac{1}{2}\right)^2=\left(-\frac{1}{2}\right)^2$, doch daraus würde man nie ernsthaft ableiten, dass $\frac{1}{2}=-\frac{1}{2}$!

A25 Der hier auftretende Fehler ist ein alter Bekannter, wieder wurde durch 0 dividiert. In diesem Fall war die Null versteckt in dem Ausdruck $a-b-c$, denn zuvor hatten wir $a-b=c$ gesetzt.

A26 Auch hier sind einige Nebelkerzen gezündet worden, das eigentliche Problem ist in den letzten Zeilen versteckt. Wenn, wie vorausgesetzt, $x=d$, dann ist natürlich auch $x^2=(-x)^2=(x-2d)^2$, aber daraus darf man nicht auf die Gleichheit von x und $x-2d$, also $-x$ schließen (Vergleiche A24).

Wer so locker radiziert, der ist häufig irritiert!

A27 Bei den „Berechnungen", die das Ergebnis rechtfertigen sollen, wurde eifrig davon Gebrauch gemacht, dass Potenzieren und Radizieren jeweils zueinander Umkehroperationen sind, aber die Nichteindeutigkeit des Radizierens missachtet.

A28 Man beachte, dass nach Voraussetzung $\sqrt{x}-\sqrt{y}=0$, dann ist klar, dass man nicht durch diesen Ausdruck dividieren darf. Genau genommen, ist schon der Schritt von Gleichung (1) zu (2) nicht korrekt.

A29 Ungerechtfertigt wurden hier die Prinzipien für den Umgang mit Gleichungen auf Ungleichungen übertragen. Multipliziert man eine Ungleichung mit einer Zahl, die kleiner als null ist, so kehrt sich das Vorzeichen um, aus $-1 > -3$ wird also nach Multiplikation mit (-4) die Ungleichung $4 < 12$!

A30 Weniger offensichtlich als in der vorhergehenden Aufgabe wurde auch hier eine Ungleichung mit einer negativen Zahl multipliziert. Es ist $b - a < 0$, also auch $\frac{1}{b-a} < 0$, so dass sich das Vorzeichen beim Dividieren von $a(b-a) > (b+a)(b-a)$ durch $b-a$ umkehrt! Hier ist jedoch eine Besonderheit anzumerken: Die Behauptung aus der Aufgabe ist zutreffend, sollte b eine negative Zahl sein. Dann würde sich schon bei der Multiplikation von $a > b$ mit b das Vorzeichen umkehren, die anschließende Division durch $b-a$ würde erneut das Vorzeichen umkehren, somit wäre $a > b + a$ in diesem Fall gerechtfertigt, damit auch $a > 2b$. Für diesen Fall ist also die Behauptung der Aufgabe korrekt, wenn auch nicht mehr überraschend. Der Nachweis der Behauptung bedürfte jedoch der gerade erwähnten Korrekturen oder müsste auf anderem Wege geführt werden. In der allgemeinen Form (für beliebige a und b) ist die Behauptung der Aufgabe jedoch falsch, wie man durch Einsetzen geeigneter Zahlenwerte leicht feststellen kann.

A31 Es ist $\log\frac{1}{3}$ natürlich eine negative Größe, dann aber kehrt sich bei der Division der Ungleichung $3\log\left(\frac{1}{3}\right) > 7\log\left(\frac{1}{3}\right)$ durch $\log\frac{1}{3}$ das Vorzeichen um. So kommen wir zu der (wenig überraschenden, aber korrekten) Feststellung, dass $3 < 7$.

Logarithmusfunktion

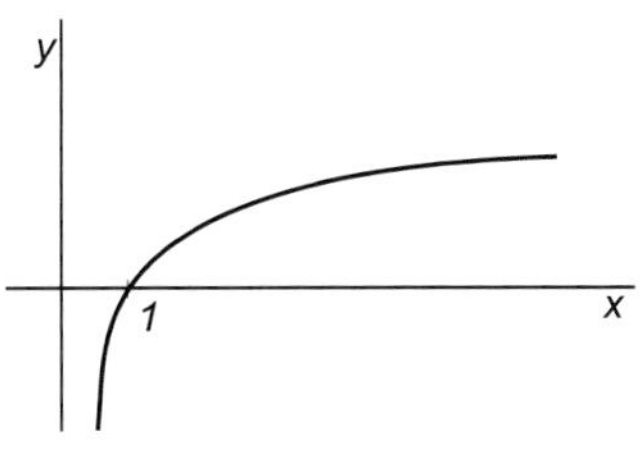

A32 Es ist alles bestens – bis auf den Ausgangspunkt unserer Überlegungen! So plausibel es auch klingt, dass das Doppelte einer Zahl stets größer ist als die Zahl, dies gilt nur für positive Zahlen. Sollte $c \leq 0$ sein, so ist $2c > c$ wohl nach der Form eine Ungleichung, aber die behauptete Beziehung zwischen den beiden Größen c und $2c$ ist nicht zutreffend. Der „Trick" in unserem Nachweis besteht nun darin, dass man nachträglich für c den Wert $\log\frac{1}{2}$ einsetzt, dieser aber ist eine negative Größe, womit die stillschweigende Voraussetzung ($c > 0$) unterminiert wird.

A33 Diese Reihe konvergiert nicht, es ist daher nicht angebracht, von ihrer Summe zu sprechen. Man spricht davon, dass eine Reihe

$$x_1 + x_2 + x_3 + \ldots \text{ konvergiert}$$

und die Summe S hat, wenn die Folge ihrer Teilsummen

$$S_1 = x_1,\ S_2 = x_1 + x_2,\ \ldots,\ S_n = x_1 + x_2 + \ldots + x_n,\ \ldots$$

einen endlichen Grenzwert S hat, d. h.

$$\lim_{n\to\infty} S_n = S.$$

Dies ist im vorliegenden Fall aber nicht zutreffend. Die Folge der Teilsummen hat die Gestalt 4, 0, 4, 0, 4, … und damit auch keinen Grenzwert. In einem solchen Fall darf man auch die Glieder der Summe nicht vertauschen, wie in den Musterlösungen geschehen.

Niels Henrik Abel schrieb über divergente Reihen:
Divergente Reihen sind eine Ausgeburt der Hölle, und es ist eine Schande, dass sich so mancher erlaubt, auf ihnen Beweise aufzubauen. Sie bringen so viele Schwierigkeiten und Paradoxa.

A34 Richtig ist, dass die Reihe $1-\frac{1}{2}+\frac{1}{3}-\frac{1}{4}+\frac{1}{5}-\frac{1}{6}+\ldots$ konvergiert, ihre Summe ist tatsächlich $\ln 2 \approx 0{,}69$. Richtig ist aber auch, dass die Reihe $1+\frac{1}{2}+\frac{1}{3}+\frac{1}{4}+\frac{1}{5}+\frac{1}{6}+\ldots$ divergent ist, also keine Summe hat. Eine Reihe $\sum_{i=1}^{\infty} u_i$ heißt absolut konvergent, wenn auch $\sum_{i=1}^{\infty} |u_i|$ konvergiert, konvergiert dagegen nur $\sum_{i=1}^{\infty} u_i$, die Reihe $\sum_{i=1}^{\infty} |u_i|$ aber nicht, so nennt man die fragliche Reihe bedingt konvergent. Dies ist im vorliegenden Beispiel der Fall, denn $\sum_{i=1}^{u} |u_i|$ ist die (divergente) harmonische Reihe (vgl. im Abschnitt 2.3: Auch Krümelkram summiert sich – Reihen). Die für endliche Summen zulässigen Operationen des Vertauschens oder Umordnens von Gliedern (Summanden) sind für Reihen zulässig, wenn sie absolut konvergent sind. Für bedingt konvergente Reihen bewies RIEMANN, dass man durch Vertauschung von Gliedern jede beliebige endliche oder unendliche Summe erhalten kann.

GEORG FRIEDRICH BERNHARD RIEMANN (1826–1866) deutscher Mathematiker

A35 Schon in den Anfang der Überlegungen hat sich eine Ungenauigkeit eingeschlichen. Es ist $\frac{n}{n-1}+\frac{n}{1-n}=0$ für den Fall, dass $n \neq 1$. Zudem ist die Reihe $n = n + n^2 + n^3 + n^4 + \ldots - n^2 - n^3 - n^4 - \ldots$ für natürliche n divergent, die gemachten Umformungen sind also unzulässig.

A36 Wieder wurde in einer divergenten Reihe unzulässig umgeformt, der „Nachweis“ ist also wertlos.

A37 Die Lösung ist ganz einfach. Wenn 30 neue Gäste kommen, bittet man einfach jeden der bisherigen Gäste 30 Zimmer weiter zu ziehen, kommen 100, so muss jeder der Gäste 100 Zimmer weiter ziehen. Das funktioniert sicher für jede beliebige endliche Zahl neuer Gäste.

A38 Jeder der Teilnehmer zieht jetzt aus seinem ursprünglichen Zimmer in das mit der verdoppelten Zimmernummer, die nun frei werdenden Zimmer mit ungerader Nummer (es sind „genau so viele“, wie Zimmer mit geraden Nummern), können von den Ehefrauen bezogen werden.

A39 Eine schwierige Entscheidung, bei der die Mathematik nur bedingt Entscheidungshilfe liefert. Auch hier hat man es, wie bei den Aufgaben A11 und A12, mit exponentiellem Wachstum zu tun. Im neunten Jahr der Auszahlung erhalten Sie $2^9 \cdot 1000 € = 512\,000 €$, im zehnten Jahr sind es gar mehr als eine Million Euro. Wenn Sie also bereit sind, in den ersten Jahren Ihres Rentnerdaseins Ausflüge mit dem Fahrrad zu unternehmen, so darf es etwas später schon eine Kreuzfahrt mit dem Luxusliner sein. Und über eine weitere Konsequenz sollten Sie sich im klaren sein: Sie dürfen nicht allzu alt werden, sonst sind sie eine existentielle Bedrohung für die Versicherungsgesellschaft!

A40 Die Gräfin bekommt im ersten Jahr 1 Goldstück, im zweiten Jahr 2 Goldstücke, im dritten Jahr $2^2 = 4$ Goldstücke usw. Im 69. Jahr bekommt sie also 2^{68} Goldstücke, das sind nicht mehr und nicht weniger als 295 147 905 179 352 825 856 Stück!

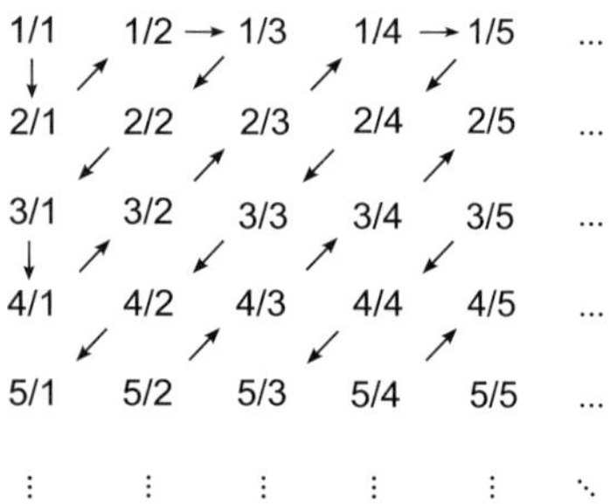

A41 Bei der Lösung dieser Aufgabe kommt es nur darauf an, zwischen den beiden Mengen eine eineindeutige Zuordnung zu beschreiben, anders gesagt, für die Zimmer des „rationalen" Hotels eine Nummerierung mit natürlichen Zahlen anzugeben. Das kann man leicht nach dem Muster der nebenstehenden Darstellung realisieren. Dabei ist die Nummer des Zimmers $\frac{p}{q}$ durch die Zahl $\frac{p}{q}$ eindeutig beschrieben. Um genau zu sein, ist dies noch nicht der Nachweis für die zweite Frage, denn in unserem Hotel sind dieselben rationalen Zahlen mehrfach vertreten: 2/4, 3/6, 4/8 usw. stellen alle die rationale Zahl $\frac{1}{2}$ dar. Das ist jedoch unproblematisch, denn wenn die Menge unserer Hotelnummern der Menge der natürlichen Zahlen gleichmächtig ist, so muss die Mächtigkeit der positiven rationalen Zahlen, die in der Menge der Hotelnummern enthalten ist, dies ebenfalls sein.

Georg Cantor (1845–1918) deutscher Mathematiker, Begründer der Mengenlehre

Die Lösung dieser Aufgabe geht auf G. Cantor zurück, wobei dort natürlich das Hotel keine Rolle spielte. Er zeigte mit dem nach ihm benannten Diagonalverfahren, dass die Menge der natürlichen Zahlen und die Menge der positiven rationalen Zahlen gleichmächtig sind.

A42 Es ist offensichtlich $s_1 = \frac{1}{2} = 1 - \frac{1}{2}$, $s_2 = \frac{1}{2} + \frac{1}{4} = 1 - \frac{1}{4}$, $s_3 = s_2 + \frac{1}{8} = 1 - \frac{1}{4} + \frac{1}{8} = 1 - \frac{1}{8}$ allgemein $s_n = 1 - \frac{1}{2^n}$. Dann aber ist $\sum_{n=1}^{\infty} \frac{1}{2^n} = \lim_{n\to\infty}\left(1 - \frac{1}{2^n}\right) = 1 - \lim_{n\to\infty} \frac{1}{2^n} = 1$.

A43 Man muss sich hierbei vergegenwärtigen, dass das einbeschriebene Quadrat jeweils halb so groß ist wie das vorhergehende, also werden im ersten Schritt vier Dreiecke eingefärbt, die zusammen den halben Flächeninhalt des ursprünglichen Quadrats haben. Die nächsten vier Dreiecke haben zusammen ein Viertel des Flächeninhalts des Ausgangsquadrats usw. Die zu summierende Reihe entspricht also genau der Reihe aus der vorhergehenden Aufgabe.

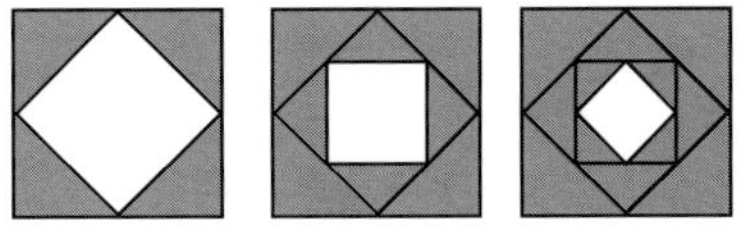

A44 Man könnte annehmen, dass auf diese Weise eine Fläche A entsteht, die keine endliche Größe hat, denn es wird ja stets ein weiteres Rechteck hinzugefügt. Doch die Theorie der Reihen liefert eine eindeutige, wenn auch erstaunliche Antwort.

Die Fläche des ersten Rechtecks ist ab, das zweite Rechteck hat die Fläche $\frac{a}{4} \cdot 2b = \frac{ab}{2}$, das dritte Rechteck hat die Fläche $\frac{a}{16} \cdot 4b = \frac{ab}{4}$ usw. Für die Gesamtfläche A der Figur können wir also die unendliche Summe $A = ab + \frac{ab}{2} + \frac{ab}{4} + \frac{ab}{8} + \ldots = ab\left(1 + \frac{1}{2} + \frac{1}{4} + \frac{1}{8} \ldots\right)$ angeben. Nun ist aber diese unendliche Summe bestimmt als der Grenzwert der Folge der Teilsummen (falls ein solcher existiert). In unserem Fall ist $A_n = ab\left(1 + \frac{1}{2} + \frac{1}{4} + \ldots + \frac{1}{2^n}\right)$ und diese Teilsumme lässt sich stets darstellen als

$$A_n = ab\left(1 + \left(1 - \frac{1}{2}\right) + \left(\frac{1}{2} - \frac{1}{4}\right) + \left(\frac{1}{4} - \frac{1}{8}\right) \ldots + \left(\frac{1}{2^{n-1}} - \frac{1}{2^n}\right)\right),$$

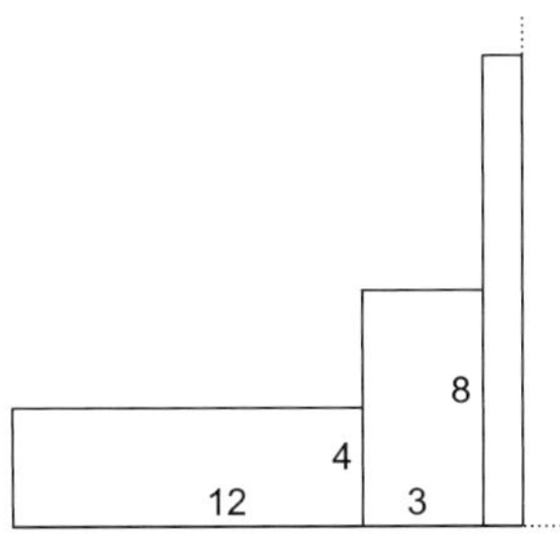

vereinfacht als $A_n = ab\left(1 + 1 - \frac{1}{2^n}\right)$. Aus dieser Darstellung kann man unmittelbar ersehen, dass jeder Teilschritt unserer Konstruktion eine Fläche hat, die kleiner als $2ab$ ist. Ebenso offensichtlich ist, dass

$$A = \lim_{n\to\infty} ab\left(2 - \frac{1}{2^n}\right) = 2ab.$$

Die unendliche Konstruktion führt somit zu einer Fläche, die genau doppelt so groß ist wie die Fläche des ursprünglichen Rechtecks. Diese Aufgabe geht auf den französischen Mathematiker Nicole Oresme zurück, der weitere Figuren mit unendlichen Abmessungen, aber endlichem Flächeninhalt nachgewiesen hat.

A45 Der Umfang der Figur wächst in folgender Weise: Bei jedem Schritt wird jede Seite durch Dritteln und Einfügen eines gleichseitigen Dreiecks über dem mittleren Drittel auf 4/3 ihrer ursprünglichen Länge verlängert, gleichzeitig wächst die Anzahl der Seiten jeweils um den Faktor 4.

Letzteres ist allerdings für unsere Berechnung belanglos. Der Umfang der Figur ist die Summe der Seitenlängen. Wenn sich in jedem Schritt jede der Seiten um den Faktor 4/3 verlängert, so vergrößert sich auch der Umfang der Figur insgesamt um genau diesen Faktor.

Somit ist $U_0 = 3$, $U_1 = 3 \cdot \frac{4}{3} = 4$, $U_2 = 3 \cdot \left(\frac{4}{3}\right)^2 = \frac{48}{9}$,

$U_3 = 3 \cdot \left(\frac{4}{3}\right)^3 = \frac{192}{27}$, schließlich ist $U_n = 3 \cdot \left(\frac{4}{3}\right)^n$ und also

$$U = \lim_{n\to\infty} 3 \cdot \left(\frac{4}{3}\right)^n = \infty.$$

Bartel Leendert van der Waerden
(1903–1996)
niederländischer Mathematiker

Diese Aufgabe stammt von B. L. van der Waerden. Das Ergebnis erstaunt insbesondere deshalb, weil die Figur offensichtlich von begrenzter Fläche ist, sie liegt zwischen dem Umkreis und dem Inkreis des ursprünglichen Dreiecks. Und dennoch ist ihre Begrenzungslinie (ihr Umfang) unendlich groß.

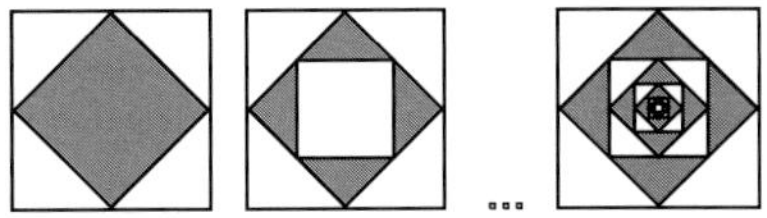

A46 Offensichtlich ist der Flächeninhalt des einbeschriebenen Quadrats jeweils halb so groß wie der des ursprünglichen. Damit ist nach dem ersten Schritt die Summe der weißen Teilflächen $\frac{1}{2}$ Flächeneinheiten, vom schwarzen Quadrat (nach diesem Schritt ebenfalls $\frac{1}{2}$ Flächeneinheiten) wird wiederum die Hälfte von einem weißen Quadrat überdeckt, so dass nach dem dritten Schritt (wieder wird ein weißes Quadrat eingefügt) die Summe der weißen Flächen $A_3^w = \left(1 - \frac{1}{2}\right) + \left(\frac{1}{4} - \frac{1}{8}\right) = \frac{1}{2} + \frac{1}{8}$ beträgt, die Summe der schwarzen Flächen nach dem vierten Schritt ist $A_4^s = \left(\frac{1}{2} - \frac{1}{4}\right) + \left(\frac{1}{8} - \frac{1}{16}\right) = \frac{1}{4} + \frac{1}{16}$.

Daraus ersieht man nun leicht, dass die Summe aller weißen Flächen A^w durch die folgende Reihe bestimmt ist $A^w = \frac{1}{2} + \frac{1}{8} + \frac{1}{32} + \ldots = \sum_{n \geq 0} \frac{1}{2^{2n+1}}$, analog ist die Summe der schwarzen Flächen $A^s = \frac{1}{4} + \frac{1}{16} + \frac{1}{64} + \ldots = \sum_{n \geq 0} \frac{1}{2^{2n+2}}$. Beide Reihen konvergieren, mehr noch, es ist offensichtlich jedes Glied der ersten Reihe doppelt so groß wie das entsprechende Glied der zweiten Reihe. Daher ist $A^w = 2A^s$. Andererseits ist auch die Reihe $A = \frac{1}{2} + \frac{1}{4} + \frac{1}{8} + \frac{1}{16} + \ldots = \sum_{n \geq 1} \frac{1}{2^n}$ konvergent, wobei $A = 1$. Daraus ergibt sich sofort, dass $A^w = \frac{2}{3}$ und $A^s = \frac{1}{3}$.

A47 Sicher hatte die Bäuerin die Absicht, die Äpfel wie am Vortag zu verkaufen. Das ist aber nicht geschehen. Tatsächlich verkaufte sie ihre Äpfel, die sie am Vortag für $\frac{1}{2}$ Kopeke pro Stück verkauft hatte, jetzt zu $\frac{2}{5}$ Kopeken pro Stück, sie verlor also bei diesem Geschäft $30 \cdot \left(\frac{1}{2} - \frac{2}{5}\right) = 3$ Kopeken. Die Äpfel ihrer Nachbarin wurden jetzt teurer verkauft, und zwar genau um insgesamt $30 \cdot \left(\frac{2}{5} - \frac{1}{3}\right) = 2$ Kopeken. Das macht insgesamt einen Verlust von 1 Kopeke.

Man kann den Verlust auch anders erklären. Hätte die Bäuerin bei jedem Verkauf 2 Äpfel aus ihrem Korb und 3 aus dem der Nachbarin genommen, so hätte sie rasch bemerkt, dass nach 10 Verkaufshandlungen die Äpfel der Nachbarin ausgegangen sind, sie aber noch zehn Äpfel übrig hat. Die hat sie aber jetzt für $2 \cdot 2 = 4$ Kopeken verkauft, am Vortag hätte sie dafür $5 \cdot 1 = 5$ Kopeken bekommen. Das Rätsel um die verschwundene Kopeke beruht darauf, dass Äpfel in diesem Fall nicht gleich Äpfel sind, wir haben zwei Arten, solche zu $\frac{1}{2}$ Kopeken das Stück und Äpfel zu $\frac{1}{3}$ Kopeken pro Stück.

A48 Der Praktikant war nicht nur ein kleiner Gauner, der seinen Wirt betrügt, er war auch ein kleines Licht und konnte nicht richtig rechnen. Damit ist nicht die Ausführung der elementaren Rechenarten gemeint, sondern das korrekte Anwenden dieser, d. h. die korrekte Formulierung der Aufgabe. Nachdem der Wirt 50 Franc zurückgegeben hatte, verblieben ihm 250 Franc. Die Gäste hatten zusammen 270 Franc bezahlt, 20 Franc mehr als der Wirt erhielt. Genau diese 20 Franc hatte der Gehilfe unterschlagen.

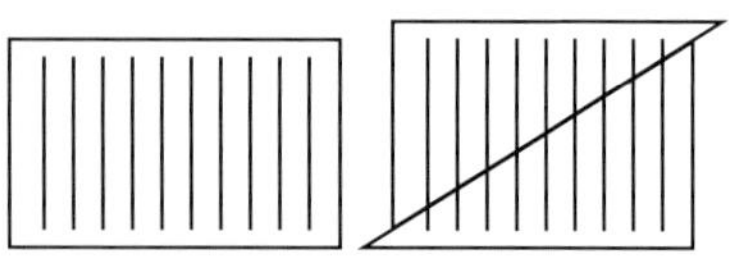

A49 Die verschwundene Linie hat sich nicht in Luft aufgelöst, sondern ist gleichmäßig auf die anderen „aufgeteilt" worden: Die neun Linien auf der zweiten Zeichnung sind alle etwas länger geworden. Übrigens, wenn Sie diesen Trick vorführen wollen, so achten Sie darauf, die Linien so zu zeichnen, dass das untere Ende der ersten Linie und das obere Ende der letzten Linie genau auf der Diagonalen liegen, sonst gibt es böse Überraschungen.

Auch bei dem Beispiel mit den Gesichtern tritt dieser Effekt auf, das „verschwundene" Gesicht ist jetzt zu gleichen Teilen auf die anderen verteilt, diese sind alle etwas länger geworden. Ob das ein Ausdruck von Begeisterung ist?

lange = begeisterte Gesichter?

A50 Auch für diese Aufgabe gilt: Man muss etwas genauer hinsehen. Es ist nämlich das Dreieck *AMP* nicht gleichseitig. Offensichtlich besteht zwischen den Dreiecken *AMP* und *NAB* Ähnlichkeit, deshalb gilt für das Verhältnis der Seitenlängen die Proportion $|PM|:|AP| = |AB|:|BN| = 8:7$. Da aber $|AP| = 1$, so ist $|PM| = \frac{8}{7}$. Die Länge der Grundseite des entstandenen Rechtecks beträgt daher nicht $8 + 1$, sondern $8 + \frac{8}{7} = 9\frac{1}{7}$ Längeneinheiten, die Fläche des Rechtecks ist daher $7 \cdot 9\frac{1}{7} = 64$. Wie schon in der vorhergehenden Aufgabe ist hier nichts verschwunden, es ist nur umverteilt worden. Eine etwas präzisere Darstellung hätte diesen Effekt offenbart.

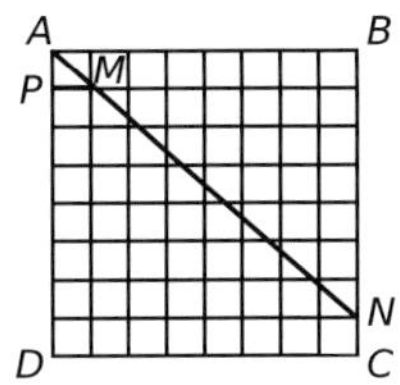

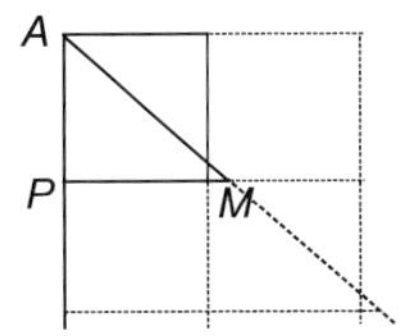

A51 Wieder ist Präzision gefragt. Beim genauen Prüfen stellt sich heraus, dass das Viereck *YRXS* gar kein Quadrat ist. Die Dreiecke *PQR* und *TQX* sind ähnlich, deshalb gilt $|PR|:|QR| = |TX|:|QX|$, also $|PR| = \frac{|TX| \cdot |QR|}{|QX|} = \frac{11}{13}$. Daher ist also *YRXS* ein Rechteck mit den Seiten $|YR| = 11\frac{11}{13}$ und $|RX| = 12$, sein Flächeninhalt A_1 beträgt also $12 \cdot 11\frac{11}{13} = 142\frac{2}{13}$. Die beiden Dreiecke ergeben zusammengesetzt ein kleines Rechteck mit den Seitenlängen 1 und $\frac{11}{13}$, also mit

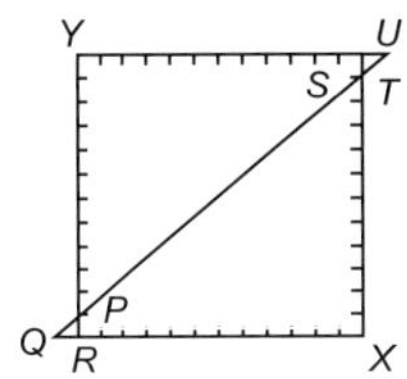

der Fläche $A_2 = 1 \cdot \frac{11}{13} = \frac{11}{13}$. Der Flächeninhalt der gesamten Figur beträgt also 143 Flächeneinheiten – so viel wie zuvor!

A52 Es ist völlig ausreichend, nur die ersten beiden Fälle genauer zu untersuchen. Sei zunächst der Fall des Quadrats mit der Seitenlänge 8 analysiert, wo für die Teilung $x = 5$ und $y = 3$ gewählt wurden. Man sollte schon bei der grafischen Darstellung Verdacht schöpfen. Denn bei der Teilung des Quadrats sind die Steigungen der nicht zur vertikalen Kante parallelen Schnitte verschieden: In einem Fall ist dies $\frac{2}{5}$ (die Vorzeichen können wir in beiden Fällen ignorieren), in dem anderen Fall $\frac{3}{8}$ (eigentlich $\frac{8}{3}$, aber wir schwenken ja das Dreieck bei der Zusammensetzung). Das sind aber verschiedene Anstiegswinkel, wir können also nicht erwarten, dass die entsprechenden Strecken jeweils auf der Diagonale des gebildeten Rechtecks liegen. Aber vielleicht täuscht uns der erste Eindruck, rechnen wir also nach: Unsere Schnitte zerlegen das Quadrat *ABCD* in zwei kongruente Trapeze und zwei kongruente Dreiecke. Das Dreieck $A_1B_1D_1$ ist ähnlich dem Dreieck ME_1D_1, daher gilt $|E_1M| : |MD_1| = |A_1B_1| : |A_1D_1|$, also $E_1M = \frac{8 \cdot 5}{13} = 3\frac{1}{13}$. Man beachte aber, dass die Länge der kleinen Kathete $y = 3$ ist. Beim Aneinanderfügen von Trapez und Dreieck erhalten wir also keine Strecke B_1D_1, sondern einen Polygonzug B_1ED_1, der unterhalb der Diagonalen verläuft. Analog gilt, dass B_1FD_1 ein Polygonzug ist, der oberhalb der Diagonalen verläuft. Die beim Zusammenfügen gebildete Figur ist also ein Rechteck, bei dem das Parallelogramm $B_1ED_1F_1$ ausgespart wurde. Und dessen Flächeninhalt ist *1*.

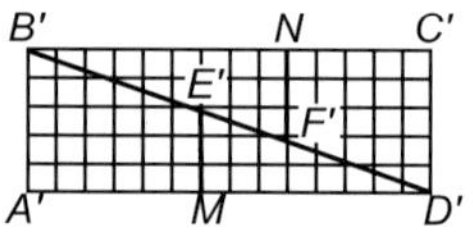

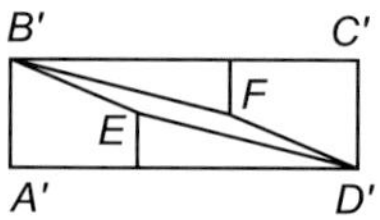

Falls Sie jemandem diesen „Trick" demonstrieren wollen, sollten Sie auf eines der größeren Quadrate, etwa mit der Seitenlänge 21 und $x = 13$, $y = 8$ ausweichen. In diesem Fall ist der relative Unterschied zwischen $|ME|$ und $|ME_1|$ deutlich geringer.

Doch nun zu dem zweiten Phänomen, für den Fall des Quadrats mit der Seitenlänge 13 analysiert, wo für die Teilung $x = 8$ und $y = 5$ gewählt wurden. Hier war ja eine Flächeneinheit „verschwunden". Analog zu den oben dargestellten Überlegungen zeigt sich diesmal, dass beim Zusammenfügen der Punkt E über der Diagonalen (und analog F unter dieser) liegt, es kommt also zu einer Überdeckung, deren Flächeninhalt wiederum genau 1 ist.

Wenn man die Teile statt zu einem Rechteck zu einem gleichschenkligen Dreieck zusammenfügt, so erhöhen sich die Chancen, dass der Trick unentdeckt bleibt, erheblich. In diesem Fall erhalten wir statt der beiden gleich langen Dreieckseiten einen leicht konkaven bzw. konvexen Polygonzug.

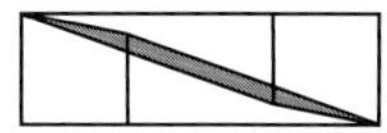

A53 Auch hier gilt: Nur eine nicht ganz genaue Zeichnung konnte suggerieren, dass sich die Flächeninhalte beim Zerlegen und anschließenden Zusammenfügen ändern, sie bleiben unverändert! Im Falle des Rechtecks mit den Seitenlängen 8 und 21 entsteht in der neu zusammengefügten Figur ein parallelogrammförmiger Spalt mit dem Flächeninhalt 2.

A54 „Papier ist geduldig", aber der geübte Leser sieht leicht, dass schon mit der Ausgangsfigur etwas nicht stimmt. Wenn man annimmt, dass die L-förmigen Teilstücke Sechsecke mit rechten Außen- und Innenwinkeln sind, so hat das kleine Teildreieck einen Steigungskoeffizienten von $5/2 = 2{,}5$, das größere Teildreieck von $7/3 \approx 2{,}33$ und das gesamte „Dreieck" einen Steigungskoeffizienten von $12/5 = 2{,}4$.

A55 Ganz einfach: Legt man die Schnitte parallel zu den Seiten des Quadrats, so entsteht beim Zusammenfügen dasselbe Quadrat – ohne Loch. Je größer der Winkel zwischen Seite und Schnittlinie ist, um so größer wird das Loch, um so größer wird aber auch die Seitenlänge des neuen Quadrats, denn diese ist gleich der Länge der Schnittlinie. Nur die Zeichnung suggeriert, dass die beiden Quadrate gleich groß sein könnten.

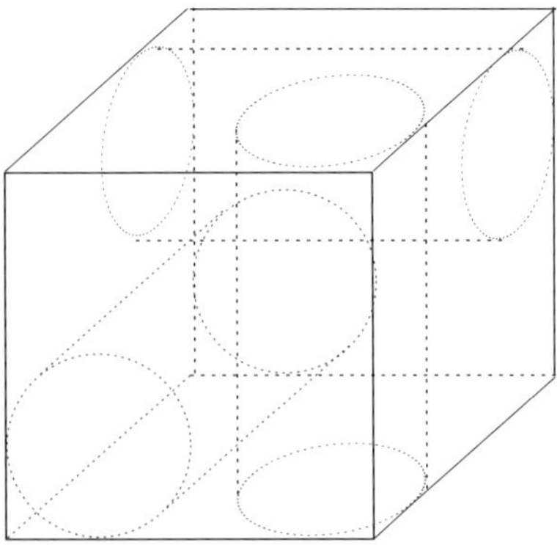

A56 Legen bzw. stellen Sie die drei Zylinder je parallel zu einer der drei Achsen des Würfels, dann kann sich keiner von ihnen bewegen. Jeder Versuch, einen der drei Zylinder an der Diagonale einer der Flächen oder an der Raumdiagonale auszurichten, scheitert aus Platzgründen. Wenn Sie keinen Würfel und dazu passende Zylinder zur Hand haben, können Sie dies auch durch entsprechende Berechnungen feststellen.

A57 Der König hatte einen exzellenten Geometer. Der sagte ihm, dass eine solche Aufteilung nicht möglich sei. Den Beweis führte er indirekt. Angenommen, es gibt eine solche Aufteilung, dann seien die Teile mit den Zahlen von 1 bis 5 wie folgt durchnummeriert. Man betritt einen beliebigen Teil, der der erste sein möge und geht an seiner Grenze entlang. Jedem Teil des Reiches, an dem man nun vorbeikommt, gibt man eine weitere Nummer, also von 2 bis 5. Jetzt geht man den folgenden geschlossenen Weg: Aus dem ersten Teil in den zweiten, von dort in den vierten (der mit dem zweiten eine gemeinsame Grenze haben muss) und dann direkt zurück in den ersten Teil. Dieser geschlossene Weg teilt die Ebene in zwei Bereiche. Der Beweis dieses offensichtlichen Satzes ist sehr schwierig, er wurde 1893 von Camille Jordan geführt. Der dritte Teil liegt jetzt in einem der beiden Gebiete, der fünfte in dem anderen, so dass die beiden Teile keine gemeinsame Grenze haben können.

Camille Jordan (1838–1922) französischer Mathematiker

A58 Die Geschwindigkeit des obersten Punktes des Zylinders ist doppelt so groß wie die Geschwindigkeit der Zylinderachse. Wenn der Junge also den Weg l zurücklegt, hat sich die Achse des Zylinders um $l/2$ von ihm entfernt. Der Junge muss also den Weg $2\,l$ zurücklegen, bis er die Rolle erreicht. (Hier ist natürlich von der Dicke der Rolle abgesehen worden, tatsächlich stößt der Junge etwas eher an die Rolle.)

A59 Das kleinste Erbteil ist offensichtlich das der Tochter, die Mutter soll das Doppelte davon erhalten, also zwei Teile, der Sohn das Doppelte des Erbteils der Mutter, also vier Teile. Das ergibt insgesamt sieben Teile, das Erbe wird also in sieben gleiche Teile geteilt, von denen eines die Tochter, zwei die Mutter und vier der Sohn erhält. Diese Lösung wird dem römischen Juristen Salvius zugeschrieben.

A60 Die Wahlhelfer hatten sich nicht verzählt, sie hatten sich verrechnet: Sie haben nur nicht bedacht, dass zwischen zwei Straßenlaternen nur ein Zwischenraum ist, zwischen zehn entsprechend nur neun Zwischenräume. Auf einer drei Kilometer langen Straße sind daher genau 100 Zwischenräume, begrenzt werde sie aber von 101 Straßenlaternen.

Bei der zweiten Variante sind nunmehr die Zwischenräume gefragt. Wie wir jetzt wissen, sind zwischen zwanzig Pfählen genau 19 Zwischenräume á 50 m, also ist das Fahrzeug genau 950 m gefahren.

3 Große und kleine logische Katastrophen

3.1 Private Regeln

CARL FRIEDRICH GAUSS
(1777–1855)
deutscher Mathematiker, Astronom und Physiker

Allgemein bekannt ist die überlieferte Geschichte, nach der sich Gauß schon als Schüler hervorgetan hat.

Sein Lehrer hatte im Unterricht die Aufgabe gestellt, die Summe der Zahlen von 1 bis 100 zu bilden. Er ging davon aus, dass die Schüler eine gewisse Zeit mit der Lösung beschäftigt seien, Gauß jedoch „enttäuschte" die Erwartungen seines Lehrers. Schon nach wenigen Minuten verkündete er das Ergebnis: 5050. Noch größer war die Verblüffung des Lehrers, als Gauß seinen Rechenweg erläuterte. Er verwies darauf, dass die Summe der ersten und der letzten Zahl, der zweiten und der vorletzten Zahl usw. jeweils gleich sei, nämlich 101. Da sich insgesamt genau 50 solcher Paare bilden lassen, hatte er also nur noch 50 mal dieselbe Zahl zu addieren, d.h. das Produkt zu bilden.

$$\sum_{i=1}^{100} i = 50 \cdot 101$$

In diesem Fall haben wir es mit einer Verfahrensweise zu tun, die nicht lange eine private Regel blieb. Heute ist es Allgemeinwissen, dass die Summe der ersten n natürlichen Zahlen nach dem von Gauß gefundenen Gesetz berechnet wird. Die Gültigkeit dieser Regel weist man leicht mittels vollständiger Induktion (s. 3.2) nach. Dass diese Regel zu einer etablierten wurde, hängt damit zusammen, dass sie

$$\sum_{i=1}^{n} i = \frac{n(n+1)}{2}$$

1. die ursprüngliche Aufgabe deutlich vereinfacht,
2. nicht nur auf diese anwendbar ist, sondern für beliebige n gilt,
3. Antwort auf eine relativ häufig auftretende Frage gibt.

Ganz anders verhält es sich mit den folgenden Beispielen, die nicht zu allgemein anerkannten Regeln geworden sind. Warum das so ist, sollten Sie herausfinden.

Begonnen sei mit Regeln zum Kürzen von Brüchen.

A1 $\frac{1\cancel{6}}{\cancel{6}4} = \frac{1}{4}, \frac{1\cancel{9}}{\cancel{9}5} = \frac{1}{5}, \frac{2\cancel{6}}{6\cancel{5}} = \frac{2}{5}, \frac{4\cancel{9}}{\cancel{9}8} = \frac{4}{8}$

A2 $\frac{2199\cancel{9}78}{8799\cancel{9}12} = \frac{219\cancel{9}78}{879\cancel{9}12} = \frac{21\cancel{9}78}{87\cancel{9}12} = \frac{2178}{8712}$

$\frac{1388\cancel{8}75}{5788\cancel{8}31} = \frac{138\cancel{8}75}{578\cancel{8}31} = \frac{13\cancel{8}75}{57\cancel{8}31} = \frac{1375}{5731}$

$\frac{2144\cancel{4}23}{3244\cancel{4}12} = \frac{214\cancel{4}23}{324\cancel{4}12} = \frac{21\cancel{4}23}{32\cancel{4}12} = \frac{2123}{3212}$

A3 Wenn Sie immer noch an dieser Verfahrensweise zweifeln, hier sind noch mehr Beispiele:

$\frac{19\cancel{9}8}{89\cancel{9}1} = \frac{1\cancel{9}8}{8\cancel{9}1} = \frac{18}{81}, \frac{26\cancel{6}4}{46\cancel{6}2} = \frac{2\cancel{6}4}{4\cancel{6}2} = \frac{24}{42}$

A4 Man kann diese „rigide" Art des Kürzens auch so erweitern, dass sogar Ziffernvertauschungen möglich sind.

Ob man, wenn man so kürzt, Finanzminister werden darf?

$\frac{\cancel{1}\cancel{8}2}{\cancel{8}\cancel{1}9} = \frac{2\cancel{1}\cancel{8}}{9\cancel{8}\cancel{1}} = \frac{2}{9}, \frac{\cancel{2}\cancel{7}3}{\cancel{7}\cancel{2}8} = \frac{3\cancel{2}\cancel{7}}{8\cancel{7}\cancel{2}} = \frac{3}{8}$

$\frac{\cancel{2}\cancel{4}4}{\cancel{4}\cancel{2}7} = \frac{4\cancel{2}\cancel{4}}{7\cancel{4}\cancel{2}} = \frac{4}{7}, \frac{\cancel{3}\cancel{6}4}{\cancel{6}\cancel{3}7} = \frac{4\cancel{3}\cancel{6}}{7\cancel{6}\cancel{3}} = \frac{4}{7}$

$\frac{\cancel{1}\cancel{2}4}{\cancel{2}\cancel{1}7} = \frac{4\cancel{1}\cancel{2}}{7\cancel{2}\cancel{1}} = \frac{4}{7}, \frac{\cancel{4}\cancel{8}4}{\cancel{8}\cancel{4}7} = \frac{4}{7}, \frac{5\cancel{4}\cancel{5}}{6\cancel{5}\cancel{4}} = \frac{5}{6}$

A5 Sicher erinnern Sie sich noch, wie man nach den Regeln der Mathematik ungleichnamige Brüche addiert bzw. subtrahiert. Die folgenden Beispielrechnungen zeigen, dass es auch einfacher geht, oder?

$$\frac{9}{6}-\frac{25}{10}=\frac{9-25}{6+10},\quad \frac{121}{55}-\frac{64}{40}=\frac{121-64}{55+40},$$

$$\frac{8}{2}-\frac{50}{5}=\frac{8-50}{2+5}$$

A6 Es ist bekannt, wie viel Mühe das Umformen von Ausdrücken bereitet, die Potenzen enthalten. Das liegt daran, dass eine einfache Regel in Vergessenheit geraten war:

$$\frac{41^3+25^3}{41^3+16^3}=\frac{41+25}{41+16},\quad \frac{73^3+37^3}{73^3+36^3}=\frac{73+37}{73+36}$$

$$\frac{81^3+18^3}{81^3+63^3}=\frac{81+18}{81+63}$$

$$\frac{5^3+4^3}{5^3+1^3}=\frac{5+4}{5+1}=\frac{9}{6}=\frac{3}{2}$$

$$\frac{6^3+4^3}{6^3+2^3}=\frac{6+4}{6+2}=\frac{10}{8}=\frac{5}{4}$$

A7 Noch unangenehmer ist Rechnen mit Wurzelausdrücken. Hoffnung auf eine Vereinfachung bieten die nachfolgenden Berechnungen.

$$\sqrt{5\frac{5}{24}}=5\sqrt{\frac{5}{24}},\quad \sqrt{12\frac{12}{143}}=12\sqrt{\frac{12}{143}}$$

$$\sqrt[3]{3\frac{3}{26}}=3\sqrt[3]{\frac{3}{26}},\quad \sqrt[3]{2\frac{2}{7}}=2\sqrt[3]{\frac{2}{7}},$$

$$\sqrt[5]{2\frac{2}{31}}=2\sqrt[5]{\frac{2}{31}}$$

A8 Auch diese Regeln hat man Ihnen im Mathematikunterricht verschwiegen:

a) Die Summe (Differenz) zweier Zahlen ist gleich ihrem Produkt (Quotienten).

$$5\frac{5}{4} = 5 \cdot \frac{5}{4}, \quad \frac{25}{4} - 5 = \frac{25}{4} : 5$$

$$6\frac{6}{5} = 6 \cdot \frac{6}{5}, \quad \frac{36}{5} - 6 = \frac{36}{5} : 6$$

b) Um zu einem Bruch eine Zahl zu addieren, genügt es, diese Zahl zum Zähler und zum Nenner zu addieren.

$$\frac{2}{5} + \left(-\frac{22}{5}\right) = \frac{2 - \frac{22}{5}}{5 - \frac{22}{5}} = \frac{\frac{10-22}{5}}{\frac{25-22}{5}} = \frac{-12}{3} = -4$$

$$\frac{3}{4} + \left(-\frac{15}{4}\right) = \frac{3 - \frac{15}{4}}{4 - \frac{15}{4}} = \frac{12-15}{16-15} = -3$$

A9 Schließlich noch neue Regeln für den Umgang mit Logarithmen:

Logarithmus – vom griechischen logos und arithmos (Zahl)

a) Der Logarithmus einer Summe ist gleich der Summe der Logarithmen.

$$\log\left(16 + \frac{16}{15}\right) = \log 16 + \log\left(\frac{16}{15}\right),$$

$$\log\left(17 + \frac{17}{16}\right) = \log 17 + \log\left(\frac{17}{16}\right).$$

b) Der Logarithmus einer Differenz ist gleich der Differenz der Logarithmen.

$$\log\left(\frac{49}{6} - 7\right) = \log\left(\frac{49}{6}\right) - \log 7,$$

$$\log\left(\frac{64}{7} - 8\right) = \log\left(\frac{64}{7}\right) - \log 8.$$

Diese Beziehungen gelten für beliebige Basen der Logarithmen.

A10 Einige haben diese Erfahrung aus dem Bereich der Elementarmathematik schon selbst gemacht: Auf einer Party werden Sie gebeten, eine beliebige dreistellige Zahl verdeckt auf ein Blatt Papier zu schreiben. Sodann sollen Sie diese Ziffernfolge an die ursprüngliche noch einmal anfügen. Jetzt gilt es, diese Zahl durch 7, dann das Ergebnis durch 11 und das letzte Ergebnis durch 13 zu teilen. Zu Ihrer Überraschung ist jede dieser Divisionen ohne Rest möglich. Noch erstaunlicher aber: Das Endergebnis ist die ursprünglich auf dem Zettel notierte Zahl. Das sagt man Ihnen voraus, ohne diese Ausgangszahl zu kennen. Wie ist das möglich? Und was hat dies mit privaten Regeln zu tun?

3.2 Beweisen wir es doch einfach!

Schwöre nicht auf den Namen des Lehrers, sondern führe Beweise an.
SPRICHWORT AUS DEM ALTERTUM

Der besondere Ruf, den Mathematik und Logik genießen, hängt nicht unwesentlich damit zusammen, dass ihre Wahrheiten durch eine spezielle Prozedur nachgewiesen werden - durch Beweise. Das macht für viele den besonderen Reiz dieser Disziplinen aus, für manche ist gerade diese Besonderheit aber eher abschreckend. In diesem Abschnitt sollen Beweise und die Regeln des Beweisens nun näher beleuchtet werden.

Da Wahrheiten der Mathematik ausschließlich durch Beweise begründet werden, nimmt es nicht wunder, dass es eine ziemlich kanonische Form des Beweisens gibt. Schon äußerlich fällt auf, dass ein Beweis stets mit der Nennung der *Voraussetzungen* beginnt. Daran schließt sich meist die *Behauptung* (das zu Beweisende) an. Nun folgt der eigentliche Beweis, dessen Ende im Allgemeinen mit q. e. d., mit w. z. b. w. oder in einer anderen geeigneten Form gekennzeichnet wird.

q. e. d. – quod erat demonstrandum (was zu beweisen war)

Zwischen Behauptung und q. e. d.

Der eigentliche Beweis ist dadurch charakterisiert, dass in ihm aus den Voraussetzungen (und nur aus diesen) mit den Regeln der Logik und evtl. für das jeweilige Sachgebiet spezifischen Grundsätzen (Axiomen) und Prinzipien des Beweisens in nachvollziehbaren Schritten weitere Teilbehauptungen begründet werden, die letztlich in der zu beweisenden Behauptung gipfeln. Der *direkte Beweis* folgt genau diesem Muster. Als Spielart wird häufig auch ein *indirekter Beweis* geführt. In diesem Fall wird zunächst angenommen, die zu beweisende Behauptung treffe nicht zu. Stellt sich dann heraus, dass dies nach der Anwendung von Beweisschritten (wie zuvor beschrieben) zu zwei widersprüchlichen Behauptungen führt, gilt der indirekte Beweis als erbracht.

Der gängige Nachweis, dass $\sqrt{2}$ keine rationale Zahl ist, kann als klassisches Beispiel für einen indirekten Beweis angesehen werden.

Die Förmlichkeit bei Beweisen (Auflistung von Voraussetzungen und Behauptung, Kennzeichnung des Beweisendes) ist nur ungenügend damit erklärt, dass man es schon lange so macht, also dem Verweis auf eine Tradition. Entscheidend ist, dass der Bereich zwischen Behauptung und q. e. d. (oder einem gleichwertigen Ausdruck) zur Tabuzone erklärt wird. Dort ist nur Platz für die genannten Voraussetzungen und die mittels anerkannter Beweisregeln gewonnenen Zwischenbehauptungen. Erlaubt ist lediglich noch die Anwendung von Definitionen, die für den fraglichen Bereich gelten und von evtl. bereits bewiesenen Behauptungen.

Ob direkt oder indirekt, in beiden Fällen gilt: Wird ein Beweis vorgelegt, so sollte er klar und verständlich und die einzelnen Schritte nachvollziehbar sein. Ist dies nicht der Fall, so steht er zumindest für das Versprechen, einzelne Schritte gegebenenfalls in noch elementarere begründete Schritte zu überführen bzw. für die gemachten Schritte nachvollziehbare Begründungen zu liefern.

Eine solche Präzisierung darf man jederzeit einfordern, dies gehört zum Standard des Beweisens dazu.

Je strenger die Regeln, um so mehr Möglichkeiten gibt es, gegen diese zu verstoßen.

Eine ganz andere Frage ist es, wie man selbst einen Beweis führt bzw. findet. Dies entzieht sich häufig einer klaren Beschreibung. Das aber macht gerade die Faszination des Beweisens aus. Liegt nämlich ein Beweis unzweifelhaft vor, so stellt man sich häufig die Frage, warum man nicht eher bzw. warum man nicht selbst auf eine solche

Eine exzellente Darstellung zur Charakteristik des Beweisens, zu Beweisverfahren u. ä. findet man in: R. THIELE, Mathematische Beweise

Folge von Behauptungen gekommen ist. Doch dies ist eher Gegenstand psychologisierender Betrachtungen; hier jedoch soll von Fehlern die Rede sein, die beim Beweisen unterlaufen können.

Davon gibt es genug, was bei einer so streng geregelten Prozedur nicht erstaunlich ist.

Unserer bisherigen Verfahrensweise folgend, sollen dabei die Prinzipien des Beweisens weitgehend anhand von Beispielen illustriert werden, vorrangig an solchen, in denen das eine oder andere Prinzip verletzt wurde.

Erste Beispiele

A11 Die Quadratwurzel aus einer beliebigen natürlichen Zahl n ist irrational.

Hier der „Beweis": Wir führen den Beweis indirekt. Sei n eine natürliche Zahl ($n \in \mathbb{N}$). Angenommen, $\sqrt{n} = \frac{p}{q}$, wobei p und q ganze Zahlen seien und der Bruch $\frac{p}{q}$ unkürzbar ist. Dann ist $\frac{p^2}{q^2} = n$. Nun steht auf der linken Seite der Gleichung ein unkürzbarer Bruch und auf der rechten eine natürliche Zahl. Das aber ist nicht möglich. Der Widerspruch, zu dem wir gelangt sind, zeigt, dass unsere Annahme, man könne $\sqrt{n}$ durch eine rationale Zahl darstellen, nicht zu halten ist. Daraus folgt, dass $\sqrt{n}$ irrational ist.

A12 Zum Beweis der Identität

$$\sqrt[3]{7+5\sqrt{2}} + \sqrt[3]{7-5\sqrt{2}} = 2 \qquad (1)$$

führte ein Schüler folgende Umformungen durch: Er bildete die dritte Potenz von beiden Seiten der Gleichung

$$14 + 3\sqrt[3]{(7+5\sqrt{2})^2} \cdot \sqrt[3]{7-5\sqrt{2}} + 3\sqrt[3]{7+5\sqrt{2}} \cdot \sqrt[3]{(7-5\sqrt{2})^2} = 8$$

$$3\sqrt[3]{(7+5\sqrt{2})(7-5\sqrt{2})}\cdot\left(\sqrt[3]{7+5\sqrt{2}}+\sqrt[3]{7-5\sqrt{2}}\right)=-6 \qquad (2)$$

Jetzt setzte er den Wert aus der Gleichung (1) für die Summe in Klammern ein und erhielt

$$3\sqrt[3]{(7+5\sqrt{2})(7-5\sqrt{2})}\cdot 2=-6 \qquad (3)$$

$$3\cdot\sqrt[3]{49-50}\cdot 2=-6$$

$$-6=-6.$$

Damit, so der Schüler, sei die Identität bewiesen.

Sein Erstaunen war groß, als sein Beweis vom Lehrer zurückgewiesen wurde. Hatte der Lehrer Recht?

A13 Ohne Benutzung des Parallelenaxioms wird „bewiesen": Werden zwei parallele Geraden von einer dritten geschnitten, so ist die Summe der innen auf derselben Seite liegenden Winkel gleich 180°.

Seien also zwei Geraden $\overline{AB} \parallel \overline{CD}$ und eine beide schneidende Gerade $\overline{EF}$ gegeben. Die entsprechenden Winkel seien wie auf der nebenstehenden Abbildung bezeichnet. Über die Summe der inneren einseitigen Winkel lassen sich nun folgende Aussagen treffen:

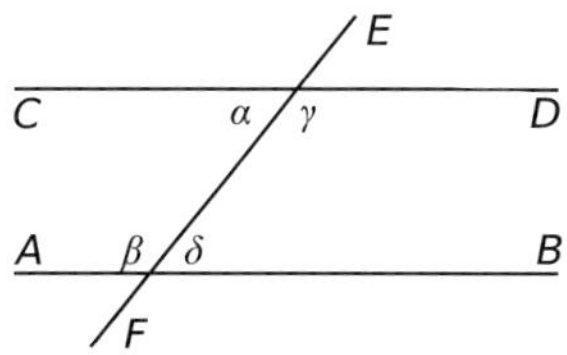

a) Die Summe ist größer als 180°.

b) Die Summe ist kleiner als 180°.

c) Die Summe ist gleich 180°.

Wir haben also diese drei Fälle zu betrachten. Im Fall a) wäre dann

$$\alpha+\beta>180°$$
$$\gamma+\delta>180°,$$

also $\alpha+\beta+\gamma+\delta<360°$.

Für Beweise, die auf Fallunterscheidungen zurückgreifen, sei auf den Abschnitt 1.3 verwiesen.

Nun ist aber bekannt, dass die Summe zweier Paare von Wechselwinkeln gleich 360° ist. Da die Annahme im Fall a) zu einem Widerspruch führt, müssen wir diese ausschließen. Im Fall, dass b) zutrifft, erhielten wir entsprechend

$$\alpha+\beta+\gamma+\delta<360°,$$

also erneut einen Widerspruch. Bleibt nur Fall c) übrig, womit unsere Behauptung nachgewiesen ist. Oder verbirgt sich in diesen Überlegungen ein Fehler?

Der Beweis soll nicht nur von der Wahrheit des Bewiesenen überzeugen, sondern soll auch den logischen Zusammenhang der Wahrheiten untereinander aufdecken.
GOTTLOB FREGE

Anhand des letzten Beispiels können wir noch eine weitere Besonderheit von Beweisführungen hervorheben: Beweise dienen **nicht nur** zum Nachweis der Wahrheit des Bewiesenen, sondern zeigen auch effektiv auf, welche Mittel (Voraussetzungen, sonstige bewiesene Sätze, Definitionen u. a.) wir bei diesem Nachweis verwendet haben. Daraus ergibt sich auch, welche Voraussetzungen nicht erforderlich sind (hier das Parallelenaxiom).

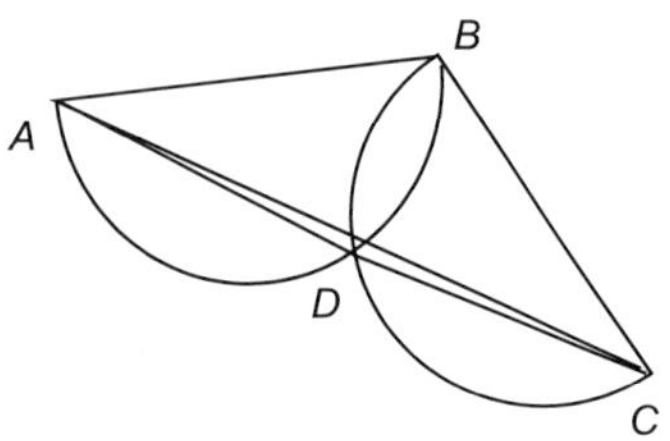

A14 Durch zwei beliebige Punkte kann man zwei verschiedene Geraden legen.

Man nehme ein beliebiges Dreieck ΔABC und errichte über den Seiten $\overline{AB}$ und $\overline{BC}$ jeweils Halbkreise. Diese schneiden sich im Punkt D. Nun verbindet man diesen Punkt mit den Eckpunkten des Dreiecks ΔABC. Nach dem Satz des Thales gilt für die entstandenen Winkel: $\sphericalangle ADB = \sphericalangle BDC = 90°$. Dann aber liegen die Punkte A, D und C auf einer Geraden, also haben wir durch A und C zwei Geraden gelegt.

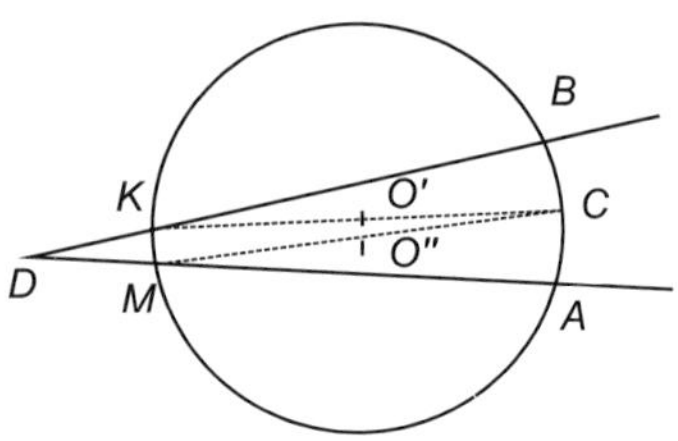

A15 Jeder Kreis hat zwei Mittelpunkte.

Seien $\overline{AD}$ und $\overline{BD}$ zwei Strecken mit einem gemeinsamen Endpunkt D. Jetzt werden in A und B Senkrechte zu $\overline{AD}$ bzw. zu $\overline{BD}$ errichtet. Deren Schnittpunkt sei C. Nun wird ein Kreis, der durch die Punkte A, B und C verläuft, konstruiert. Dieser Kreis schneidet $\overline{AD}$ in M und $\overline{BD}$ in K. Die Halbierung der Strecken $\overline{KC}$ und $\overline{MC}$ liefert die Punkte O' und O''. Nun ist $\sphericalangle KBC = \sphericalangle MAC = 90°$. Daraus folgt aber, dass $\overline{KC}$ und $\overline{MC}$ Durchmesser ein und desselben Kreises sind, deshalb sind die Punkte O' und O'' auch Mittelpunkte ein und desselben Kreises.

A16 Die Abschnitte zweier paralleler Geraden, die beim Schneiden der Schenkel eines Winkels gebildet werden, sind gleich lang.

Sei $\sphericalangle CED$ ein beliebiger Winkel und sei zudem $\overline{CD} \parallel \overline{AB}$. Dann ist nach dem Strahlensatz

$$|AE| : |CE| = |BE| : |DE|, \text{ also}$$

$$|AE| \cdot |DE| = |BE| \cdot |CE| \qquad (1)$$

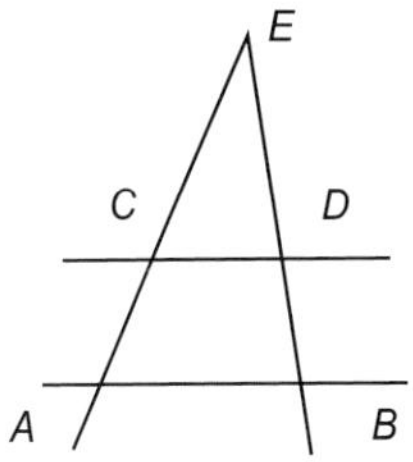

Nun wird diese Gleichung mit $|AB| - |CD|$ multipliziert und umgeformt:

$$|AE| \cdot |DE| \cdot |AB| - |AE| \cdot |DE| \cdot |CD| = |BE| \cdot |CE| \cdot |AB| - |BE| \cdot |CE| \cdot |CD|$$

$$|AE| \cdot |DE| \cdot |AB| - |BE| \cdot |CE| \cdot |AB| = |AE| \cdot |DE| \cdot |CD| - |BE| \cdot |CE| \cdot |CD|$$

$$|AB| \cdot (|AE| \cdot |DE| - |BE| \cdot |CE|) = |CD| \cdot (|AE| \cdot |DE| - |BE| \cdot |CE|)$$

$$|AB| = |CD|$$

Ein besonderes Beweisverfahren – vollständige Induktion

Induktion ist ein unverzichtbares Mittel, um zu neuen Einsichten zu gelangen, im allgemeinen aber gelten die so gewonnenen Behauptungen unter Vorbehalt. Die Behauptung *„Alle Säugetiere sind lebendgebärend."* war allgemein anerkannt, solange man keine Spezies entdeckt hatte, die ihre Jungen säugte, aber Eier legte. Solche Wahrheiten „bis auf Widerruf" sind für die Mathematik undenkbar. Hier sind nur deduktive Schlussweisen zulässig, die bei Wahrheit der Voraussetzungen die Wahrheit der Schlussfolgerung garantieren. Wenn wir also eine Behauptung über beliebige natürliche Zahlen aufstellen wollen, so können wir diese nicht darauf gründen, dass sie auf alle bisher überprüften Zahlen zutrifft, es braucht eine strengere Begründung (vgl. dazu Aufgabe 17 in diesem Abschnitt).

Ilja Somiskij,
Die Methode der vollständigen Induktion

Ilja Somiskij, Lidija Golovina, Isaak Jaglom
Die vollständige Induktion

Hier greift ein spezielles mathematisches Beweisverfahren, die vollständige Induktion. Diese beruht auf einem für die natürlichen Zahlen charakteristischen (konstitutiven) Merkmal.

Es sei $\mathbb{N} = \{0, 1, 2, \ldots, n, n+1, \ldots\}$, die Menge der natürlichen Zahlen, gegeben. Kann man zeigen, dass

i) für 0 eine bestimmte Eigenschaft zutrifft und
ii) unter der Voraussetzung, dass die Eigenschaft für alle Zahlen, die nicht größer als *n* sind, zutrifft, sie dann auch für $n + 1$ zutrifft,

so gilt die fragliche Eigenschaft für alle natürlichen Zahlen.

Ein Beweis nach der Methode der vollständigen Induktion gliedert sich also in zwei Teile:

i. Die **Induktionsbasis** (Nachweis der fraglichen Eigenschaft für die Zahl 0)
ii. Den **Induktionsschritt** (Nachweis der fraglichen Eigenschaft für $n + 1$ unter der Voraussetzung ihres Zutreffens für alle Zahlen, die nicht größer als *n* sind – dies wird auch als Induktionsannahme bezeichnet).

Gelegentlich beginnt man die Induktion nicht bei 0, sondern bei einer Zahl n_0, dann weist die Methode der vollständigen Induktion die fragliche Eigenschaft für alle natürlichen Zahlen, die größer oder gleich n_0 sind, nach.

Es scheint auf den ersten Blick, als sei diese Methode nur für die natürlichen Zahlen geeignet. Dies ist jedoch irreführend, sie ist überall dort anwendbar, wo wir mathematische Objekte mit natürlichen Zahlen charakterisieren können, sei es die Zahl der Zeilen in einem formalen Beweis, die Anzahl der Zeichen in einer Zeichenreihe, die Zahl der Ecken eines ebenen Vielecks usw.

A17 Wenn man in das Polynom

$$f(x) = x^2 + x + 41$$

für *x* natürliche Zahlen einsetzt, so ist $f(x)$ stets eine Primzahl.

In der Tat, $f(0) = 41$, und das ist eine Primzahl. Aber auch für $f(1) = 43$, $f(2) = 47$, $f(3) = 53$, $f(4) = 61$, $f(5) = 71$, $f(6) = 83$ trifft dies zu. Also ist $f(x)$ für beliebige $n \in \mathbb{N}$ stets eine Primzahl.

A18 Jede natürliche Zahl ist gleich ihrem Nachfolger.

$n = n + 1$??

Angenommen, dass $k = k + 1$. Wenn man auf jeder Seite dieser Gleichung eine 1 addiert, so gelangt man zu der Gleichung $k + 1 = k + 2$. Ausgehend davon, dass die Behauptung für $n = k$ zutrifft, haben wir also bewiesen, dass sie auch für $n = k + 1$ gilt. Somit ist jede natürliche Zahl gleich ihrem Nachfolger.

A19 Man „beweist" durch vollständige Induktion, dass alle Katzen die gleiche Augenfarbe haben.

Dass nachts alle Katzen grau sind, wusste man ja schon …

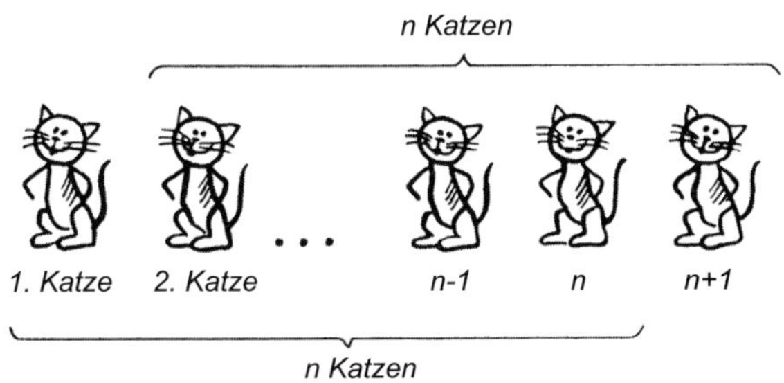

Die Behauptung ist für $n = 1$ offensichtlich (Induktionsanfang).

Nun sei vorausgesetzt, dass je n Katzen die gleiche Augenfarbe haben. Gezeigt wird, dass unter dieser Voraussetzung die Behauptung auch für je $n + 1$ Katzen gilt. Man wählt nun $n + 1$ willkürlich ausgewählte Katzen und nummeriert sie wie in der Abbildung. Nun haben nach Induktionsvoraussetzung die Katzen mit den Nummern 1 bis n die gleiche Augenfarbe, ebenso die Katzen mit den Nummern 2 bis $n + 1$. Zu beiden Mengen gehört aber die Katze Nr. 2, also haben alle Katzen die gleiche Augenfarbe.

A20 Alle natürlichen Zahlen sind untereinander gleich.

Die Menge M sei wie folgt definiert: Eine natürliche Zahl m gehört zu M, wenn $m + 1$ beliebige natürliche Zahlen gleich sind, und sie gehört nicht zu M, wenn das nicht der Fall ist.

Die Induktionsannahme ist leicht bewiesen: Da jede natürliche Zahl sich selber gleich ist, so ist $0 \in M$.

Nun zum Induktionsschritt. Sei $n > 0$ eine natürliche Zahl und gelte $n \in M$. Es ist zu zeigen, dass dann auch $n + 1 \in M$. Die Voraussetzung, $n \in M$, besagt, dass beliebige $n + 1 > 1$ natürliche Zahlen untereinander gleich sind. Nun seien willkürlich $n + 2 > 2$ natürliche Zahlen $k_1, k_2, \ldots, k_{n+1}, k_{n+2}$ ausgewählt. Nach Voraussetzung gilt

$$k_1 = k_2 = \ldots = k_{n+1}$$

aber auch

$$k_2 = \ldots = k_{n+1} = k_{n+2}$$

und daher gilt auch

$$k_1 = k_2 = \ldots = k_{n+1} = k_{n+2}.$$

Das bedeutet, dass beliebige $n + 2$ natürliche Zahlen untereinander gleich sind, also ist $n + 1 \in M$. Nach dem Induktionsprinzip ist gezeigt, dass $M = \mathbb{N}$.

Finden Sie nicht auch, dass dies eine ziemlich „katzige" Beweisführung ist?

A21 Für alle natürlichen Zahlen n gilt $2^n > 2n + 1$.

Es sei $n = k$ so eine natürliche Zahl, dass

$$2^k > 2k + 1 \qquad (1)$$

Nun ist zu zeigen, dass diese Ungleichung auch für $n = k + 1$ gilt. Zunächst gilt für jedes natürliche $k > 0$ die Ungleichung $2^k \geq 2$. Zu dieser wird nun die Ungleichung (1) addiert:

$$2^k + 2^k > 2k + 1 + 2,$$

also

$$2^{k+1} > 2(k + 1) + 1.$$

Das aber genau war zu zeigen.

A22 Durch n beliebige Punkte lässt sich eine Gerade legen.

Der Induktionsanfang ist für $n = 1$ trivial, für $n = 2$ ist dies gerade eines der fundamentalen Axiome der Euklidischen Geometrie. Sei nun vorausgesetzt, dass der Satz für $n = k\,(k > 2)$ gilt. Es bleibt zu zeigen, dass die Behauptung dann auch für $n = k + 1$ Punkte gilt. Seien also beliebige $k + 1$ Punkte gegeben. Nach Induktionsvoraussetzung kann man durch die k Punkte M_1, $M_{2,}$ ... M_k eine Gerade legen. Dies sei die Gerade l. Ebenso kann man durch die k Punkte M_2 ,..., $M_{k,}$ M_{k+1} eine Gerade l' legen. Diese beiden Geraden haben wenigstens zwei Punkte gemeinsam, nämlich M_2 und M_k. Nun ist aber bekannt, dass man durch zwei Punkte genau eine Gerade legen kann, folglich fallen l und l' zusammen. Auf der Geraden liegt also auch der Punkt M_{k+1}.

Sehr kühn – „Beweise" für den Großen Satz von Fermat

Der geniale französische Mathematiker Pierre de Fermat (1601–1665) war Jurist und beschäftigte sich in seiner Freizeit mit Mathematik. Von ihm stammen viele unbewiesene Vermutungen, darunter auch eine, die als der Große Satz von Fermat in die Geschichte der Mathematik einging. Dies ist die Behauptung, dass es für natürliche $n > 2$ keine Lösung der Gleichung $x^n + y^n = z^n$ in positiven ganzen Zahlen gebe. Da die Behauptung des Satzes sehr einfach ist, könnte man vermuten, der Beweis sei es auch. Es erstaunt daher nicht, dass sich über die Jahrhunderte viele professionelle, aber auch Hobby-Mathematiker am Beweis dieser Behauptung versuchten. Für eine Lösung des Problems wurden erhebliche Preise ausgesetzt, dennoch blieb das Bemühen mehr als 300 Jahre ohne Erfolg. Erst 1993 konnte ein Beweis vorgestellt werden, der den kritischen Einwänden der Mathematiker standhielt. Dieser Beweis ist von erheblicher Komplexität und greift auf mathematische Theorien zurück, an die zu Fermats Zeiten nicht zu denken war.

Zur Geschichte des Satzes und des Beweises siehe:
Simon Singh, Fermats letzter Satz

Interessant sind auch Darstellungen hierzu aus der „Perspektive" des noch offenen Problems:
Bachmann 1919, Edwards 1977

Ob es auch einfacher geht? Das ist nicht auszuschließen, aber sicher geht es nicht so einfach, wie die nachfolgenden Beweisversuche suggerieren wollen.

W. LIETZMANN Der pythagoreische Lehrsatz, Teubner Leipzig 1968.

A23 Der Beweis sei indirekt geführt. Angenommen, die Gleichung

$$x^n + y^n = z^n \tag{1}$$

habe für ein $n > 2$ eine Lösung (x_0, y_0, z_0) in positiven ganzen Zahlen. Für diese gilt $x_0, y_0, < z_0$. Nun zweifelt niemand am Satz des Pythagoras, für den Hunderte von Beweisen vorgelegt wurden. Dieser besagt, dass

$$x^2 + y^2 = z^2, \tag{2}$$

wobei *x, y* die Länge der Katheten und *z* die Länge der Hypotenuse in einem rechtwinkligen Dreieck sind. Nun kann man die Gleichungen (1) und (2) umformen, dann erhält man entsprechend

$$\left(\frac{x}{z}\right)^n + \left(\frac{y}{z}\right)^n = 1 \quad (3) \qquad \left(\frac{x}{z}\right)^2 + \left(\frac{y}{z}\right)^2 = 1 \quad (4),$$

also

$$\left(\frac{x}{z}\right)^n + \left(\frac{y}{z}\right)^n = \left(\frac{x}{z}\right)^2 + \left(\frac{y}{z}\right)^2 \tag{5}$$

Die Gleichung (5) hat aber nur für $n = 2$ Lösungen (x_0, y_0, z_0) mit $x_0, y_0, < z_0$. Damit ist, ausgehend von der Annahme, dass der Große Satz von Fermat falsch ist, ein Widerspruch gefunden, der diese Annahme widerlegt. Somit ist der Satz bewiesen.

A24 Den Großen Satz von Fermat kann man auch so formulieren: Für $n > 2$ und positive ganze *x, y* und *z* ist

$$x^n + y^n \neq z^n \tag{1}$$

Dagegen behauptet der Satz des Pythagoras, dass

$$x^n + y^n = z^n$$

falls zwei Bedingungen erfüllt sind: a) $n = 2$ und b) *x, y* und *z* bilden ein pythagoreisches Zahlentripel (*x, y* und *z* sind ganze Zahlen und entsprechen den Längen der Katheten bzw. der Hypotenuse eines rechtwinkligen Dreiecks). Das bedeutet: Ist eine der Bedingungen a) oder b) nicht erfüllt, so ist die Gleichung (2) nicht erfüllt. Folglich ist für $n > 2$ (also bei Verletzung der Bedingung a)) die Gleichung (1) nicht erfüllbar. Da dies unabhängig von Bedingung b) gilt, konstatiert man, dass (1) für beliebige positive ganze Zahlen und $n > 2$ die Gleichung (1) nicht erfüllbar ist.

Was man sonst noch falsch machen kann

A25 Wenn zwei Ebenen symmetrisch zum Koordinatenursprung (0,0,0) liegen, dann liegt dieser Punkt auf ihnen.

Seien die beiden Ebenen α und β symmetrisch zum Koordinatenursprung gelegen. Wenn die Ebene α durch die Gleichung

$$ax + by + cz + d = 0 \qquad (1)$$

beschrieben ist, so genügen die Punkte auf β der Gleichung

$$-ax - by - cz + d = 0 \qquad (2)$$

Nach Addition der Gleichungen (1) und (2) erhält man $d = 0$. Dann erfüllt aber das Tripel (0,0,0) beide Gleichungen (1) und (2), d.h. dieser Punkt liegt auf beiden Ebenen.

A26 In einem beliebigen Dreieck ist das Quadrat einer beliebigen Seite gleich der Summe der Quadrate der beiden anderen Seiten.

ΔABC sei ein beliebiges Dreieck. Man konstruiert nun dazu das rechtwinklige ΔBCD. Nach dem Satz des Pythagoras gilt

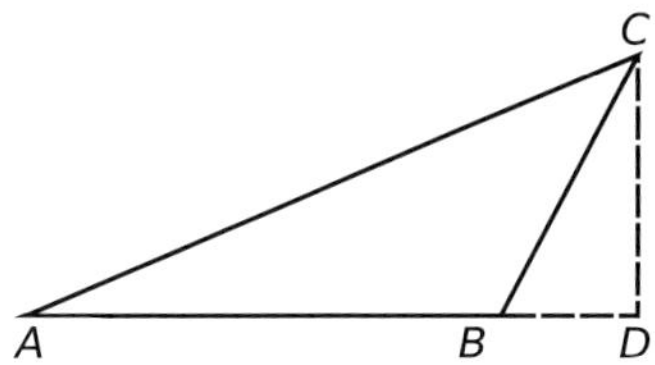

$$|AC|^2 = |AD|^2 + |CD|^2 \qquad (1)$$

$$|CD|^2 = |BC|^2 - |BD|^2 \qquad (2)$$

Setzt man nun den Ausdruck für $|CD|^2$ aus der Gleichung (2) in die Gleichung (1) ein, so ergibt sich

$$|AC|^2 = |AD|^2 + |BC|^2 - |BD|^2 \qquad (3)$$

oder

$$|AC|^2 - |BC|^2 = |AD|^2 - |BD|^2. \qquad (4)$$

Diese und die folgende Aufgabe offerierte im Jahre 1846 der russische Schriftsteller N.G. TSCHERNYSCHEWSKY seinem Bruder ALEXANDER mit den Worten: ... *„irgendwo muss ein Fehler versteckt sein; finde ihn, und Du wirst Deinem Dich liebenden Bruder ... einen großen Dienst erweisen."*

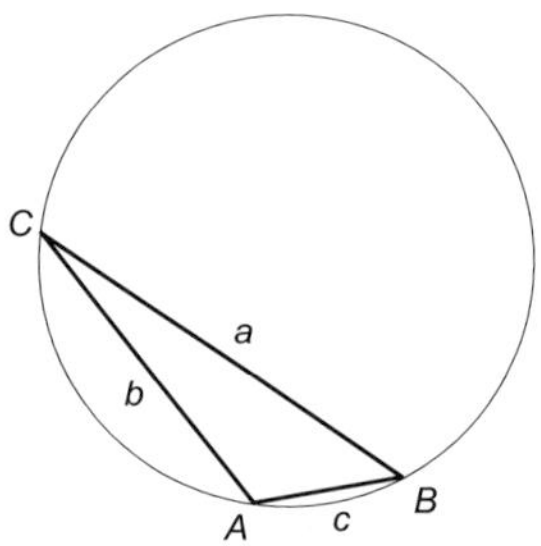

Da aber $\overline{AD} = \overline{AB} + \overline{BD}$, so ist $|AD|^2 - |BD|^2 = |AB|^2$. Setzt man dies nun in die Gleichung (4) ein, so erhält man

$$|AC|^2 - |BC|^2 = |AB|^2$$

oder

$$|AC|^2 = |AB|^2 + |BC|^2.$$

Ganz analog „beweist" Tschernyschewski, dass

$$|BC|^2 = |AC|^2 + |AB|^2.$$

A27 Im stumpfwinkligen Dreieck ΔABC sei

$$\sphericalangle BAC > \sphericalangle ABC + \sphericalangle BCA.$$

Sei nun R der Radius des Umkreises des Dreiecks ΔABC, so erhält man nach dem Sinussatz

$$\frac{a}{\sin\sphericalangle BAC} = \frac{b}{\sin\sphericalangle ABC} = \frac{c}{\sin\sphericalangle BCA} = 2R$$

die Gleichung

$$\sin\sphericalangle BAC : \sin\sphericalangle ABC : \sin\sphericalangle BCA = a : b : c.$$

Daher folgt aus der Bedingung $\sphericalangle BAC > \sphericalangle ABC + \sphericalangle BCA$ die Ungleichung

$$a > b + c.$$

3.3 Weise, Lügner und logische Missgeschicke

Weise mit weißen Objekten

A28 Antike chinesische Quellen berichten von einem Weisen, der auf einem Schimmel die Grenze überqueren wollte – an einer Stelle, wo das Überqueren der Grenze mit Pferd ausdrücklich verboten war. Der Grenzposten hielt ihn pflichtgemäß an und wies auf diese Vorschrift hin.

Der Weise war um eine Rechtfertigung nicht verlegen: „Ein Pferd“, so seine Argumentation, „kann braun sein. Ein Schimmel kann nicht braun sein. Also ist ein Schimmel kein Pferd.“ Der Grenzposten war von der messerscharfen Argumentation so beeindruckt, dass er den Weisen passieren ließ.

Ein Weiser kommt selten allein.
LOGISCHE FOLKLORE

A29 Von der Mittagshitze (oder war es das üppige Mahl?) und ihren Diskussionen ermüdet, legten sich drei griechische Weise nieder und schliefen ein. Während sie schliefen, beschmierte ihnen ein Spaßvogel die Stirnen mit Ruß. Als sie erwachten, richteten sich die Weisen auf, so dass sie im Kreis saßen und jeder die beiden anderen sehen konnte. Jeder sah nun die beschmierten Stirnen der anderen und lachte über diese. Plötzlich hörte einer von ihnen auf zu lachen, weil er begriffen hatte, dass seine Stirn auch beschmiert war. Wie kam er darauf?

A30 Drei andere Weise stritten darüber, wer von ihnen der Weiseste sei. Da kam ein Wanderer des Wegs und schlug vor, den Streit mittels einer Aufgabe zu entscheiden.

„Hier habe ich fünf Hüte, drei schwarze und zwei weiße. Schließt die Augen.“

Er setzte jedem einen schwarzen Hut auf und versteckte die beiden weißen.

„Nun öffnet die Augen“, sagte der Wanderer. „Wer als erster sagt, welche Farbe sein Hut hat, der soll als der weiseste gelten.“

Eine Weile sahen die Weisen einander an. Schließlich sagte einer, dass sein Hut schwarz sei.

Hatte er geraten oder war er tatsächlich der Klügste der drei?

A31 Die drei Weisen waren mit der Entscheidung nicht zufrieden, sie wollten eine schwierigere Aufgabe. Der Wanderer schlug ihnen folgende vor:

„Stellt euch in einer Reihe auf, so dass jeder nur die vor ihm Stehenden sehen kann. Ich habe hier fünf Bänder, drei schwarze und zwei weiße. Ich werde nun jedem von euch ein Band an den Rücken heften. Welche Bänder übrig bleiben, werde ich euch nicht sagen. Kann mir einer von euch sagen, welches Band er auf dem Rücken hat?"

Es dauerte nicht lange, da sagte der in der Reihe ganz hinten Stehende, dass er nicht sagen könne, welches Band er auf dem Rücken hat. Auch der in der Mitte Stehende räumte ein, dass er es nicht sagen könne. Daraufhin sagte der erste in der Reihe, dass er ein schwarzes Band auf dem Rücken trägt.

„Du hast geraten", stellte der Wanderer mit fragendem Unterton fest.

„Nein, ich bin absolut sicher."

Wie ist das möglich?

A32 Noch immer waren die Weisen nicht zufrieden. Zumindest die zwei von ihnen, die hinten gestanden hatten. Sie bemängelten, dass sie diese Aufgabe ja gar nicht hätten lösen können, sie hatten nur zur erfolgreichen Lösung durch den vorne stehenden beitragen können. Von Chancengleichheit also keine Spur. Der Wanderer (er hatte großen Respekt vor den Weisen) schlug geduldig eine weitere Aufgabe vor;

„Vor euch stehen drei Schachteln. In einer von ihnen sind drei schwarze Kugeln, in einer anderen zwei schwarze und eine weiße Kugel und in der dritten drei weiße Kugeln. Auf den Schachteln sind Aufkleber ‚3 schwarze', ‚2 schwarze, 1 weiße', ‚3 weiße'. Keiner der Aufkleber entspricht dem tatsächlichen Inhalt der Schachtel. Ich stelle die Schachteln so, dass ihr den Aufkleber vorerst nicht lesen könnt. Jeder von euch entnimmt nun der Schachtel zwei Kugeln und darf dann den Aufkleber lesen. Ohne in die Schachtel zu sehen, soll daraus jeder die Farbe der Kugel bestimmen, die im Kasten liegt."

Einer der Weisen entnahm der ersten Schachtel zwei Kugeln, las dann den Aufkleber und sagte: „Ich habe zwei schwarze Kugeln entnommen und kann sagen, welche Farbe die Kugel hat, die im Kasten liegt."

Der zweite Weise entnahm der folgenden Schachtel zwei Kugeln und sagte, nachdem er den Aufkleber gelesen hatte: „Ich habe zwei schwarze Kugeln entnommen, kann aber nicht sagen, welche Farbe die dritte Kugel hat."

Der dritte Weise, der seine Freunde gehört hatte, sagte: „Ich brauche der Schachtel keine Kugel zu entnehmen. Ich kenne auch so die Farbe jeder Kugel in ihr."

Wie konnte er das feststellen?

Ratgeber = Weiser?

A33 Hier nun eine Aufgabe von Lewis Carroll: Als der König erfuhr, dass seine Staatskasse fast leer war und das übrig gebliebene Geld sehr sparsam ausgegeben werden musste, beschloss er, so viele seiner Ratgeber wie möglich zu entlassen. Davon hatte der König sehr viele. Alle Weisen des Königs hatten ein imposantes Äußeres, edles graues Haar und trugen Luxusmäntel aus grünem Samt mit goldenen Knöpfen. Das Einzige, was man ihnen hätte anlasten können, war die Widersprüchlichkeit ihrer Ratschläge, die sie dem König zu beliebigen Fragen gaben, und ihre Vorliebe für das Essen und Trinken an der königlichen Tafel. (Alle Weisen hatten einen großen Appetit.) Aber ein antikes Gesetz, welches der König nicht brechen durfte, forderte, dass am Hof stets so viele Ratgeber seien, dass sich unter ihnen sieben finden, die auf beiden Augen blind waren, zwei, die auf einem Auge blind waren, fünf, die mit beiden Augen sehen konnten und neun, die mit einem Auge sehen konnten.

Wie viele Weise musste der König am Hofe lassen, um das antike Gesetz nicht zu verletzen?

LEWIS CARROLL (eigentl. Charles Lutwidge Dodgson (1832–1898)) Schriftsteller, Logiker und Fotograf

The winner takes it all

A34 Bisher wurden alle Weisen am Hof gleich behandelt. Der König hatte jedoch vor, einen von ihnen als Oberratgeber zu bestellen. Er rief deshalb seine Ratgeber zu sich und stellte ihnen die folgende Aufgabe: „Auf dem Tisch liegen 10 Geldbörsen, in denen sich jeweils 10 gleiche Goldmünzen befinden. In neun von ihnen sind Goldstücke mit einem Gewicht von je 10 Gramm; in einem sind Fälschungen, die jeweils 11 Gramm wiegen. Wie kann man mit einer Waage und nur einer einzigen Wägung feststellen, in welcher der Börsen die Fälschungen sind? Derjenige von euch, der die Aufgabe als erster löst, soll künftig der erste unter meinen Ratgebern sein. Zudem erhält er als Belohnung die neun Börsen mit den echten Goldstücken."

Die Weisen wurden sehr still und machten sich an die Arbeit. Diese Chance wollte sich keiner von ihnen entgehen lassen.

Der Hofnarr, der alles mitgehört hatte, fand die Lösung als erster. Es ist nicht überliefert, ob ihn der König zum Oberratgeber bestellte, er bekam jedoch die Belohnung. Da er die Lösung dem König ins Ohr geflüstert hatte, ist auch diese nicht überliefert. Können Sie helfen?

Stets äußert sich der Weise leise,
vorsichtig und bedingungsweise.
WILHELM BUSCH

Weise und Bedingungssätze

Schon im ersten Kapitel wurde darauf verwiesen, dass die Implikation $A \rightarrow B$ nur wesentliche Aspekte des Bedingungssatzes *Wenn A, dann B* wiedergibt. Zwei Weise, die sich noch in der Ausbildung befanden, wollten anhand von Implikationen ihre Argumentationsfähigkeit schärfen. Sie kamen zu einem überraschenden Ergebnis. Da die beiden anonym bleiben wollten, mögen sie hier Anton und Bertram heißen.

A35 „Ein Bedingungssatz ist seiner Kontraposition äquivalent", sagte Anton.

„Wenn $A \rightarrow B$ ein Satz ist, so hat der Satz $\neg B \rightarrow \neg A$ den gleichen Wahrheitswert."

„Was ist $\neg B$ und $\neg A$?“, fragte Bertram.

„So wird die Negation der Aussage B bzw. A bezeichnet.“

„Kannst du auch beweisen, dass die beiden Sätze $A \rightarrow B$ und $\neg B \rightarrow \neg A$ äquivalent sind?“

„Aber ja! Angenommen, der Satz $A \rightarrow B$ ist wahr und der Satz $\neg B \rightarrow \neg A$ ist falsch. Dann ist der Satz $\neg B \rightarrow A$ richtig. Aus ihm folgt aber zusammen mit $A \rightarrow B$ nach der Kettenschlussregel $\neg B \rightarrow B$. Du siehst aber selbst, dass dies nicht möglich ist. Deshalb ist der Satz $\neg B \rightarrow \neg A$ wahr.“

Kettenschlussregel:

$$\frac{\begin{array}{l} H_1 \rightarrow H_2 \\ H_2 \rightarrow H_3 \end{array}}{H_1 \rightarrow H_3}$$

„Etwas gefällt mir an diesem Beweis nicht“, entgegnete Bertram. „Dafür kann ich dir beweisen, dass, wenn ein Bedingungssatz wahr ist, auch seine Umkehrung wahr ist.“

„Das kann nun aber mit Sicherheit nicht sein“, entgegnete energisch Anton.

„Aber warum denn nur, sieh doch: Der Satz $A \rightarrow B$ sei wahr. Wir müssen beweisen, dass dann auch $B \rightarrow A$ wahr ist. Angenommen, dieser letzte Satz sei falsch, dann ist $B \rightarrow \neg A$ wahr. Das hast du selbst gesagt. Dann ist aber zusammen mit $A \rightarrow B$ auch $A \rightarrow \neg A$ wahr. Das ist ein Widerspruch, also ist $B \rightarrow A$ wahr.“

„Mir ist nicht klar, wo du dich geirrt hast, aber dein Schluss muss falsch sein.“

„Ich habe genauso argumentiert wie du.“

Ist der Beweis von Anton richtig? Ist der Beweis von Bertram richtig? Ist die letzte Behauptung von Bertram zutreffend?

A36 Noch einmal ist eine Argumentation zu beurteilen. Die bereits genannte Kettenschlussregel besagt, dass, wenn eine Aussage B aus der Aussage A, und zudem C aus B folgt, so folgt C aus A.

Sokrates – ein rastloser Philosoph?

Nun seien A, B und C die Aussagen:

> A = *Sokrates ist ein rastloser Mensch.*
> B = *Sokrates ist ein Mensch.*
> C = *Ich spreche die Wahrheit.*

Offensichtlich gilt, wenn ich sage, dass Sokrates ein rastloser Mensch ist, auch, dass Sokrates ein Mensch ist. Wenn ich aber sage, dass Sokrates ein Mensch ist, so spreche ich die Wahrheit. Folglich spreche ich, wenn ich sage, dass Sokrates ein rastloser Mensch ist, die Wahrheit.

Oder kann es sein, dass diese Argumentation falsch ist?

Pfiffige Propheten

Dass Logik auch von praktischem Nutzen ist, bezweifeln nur ausgemachte Skeptiker, aber diese bezweifeln nach herkömmlicher Auffassung ja grundsätzlich alles. In den folgenden beiden Aufgaben sieht man, dass Logik, gepaart mit psychologischen Grundkenntnissen, lebensrettend sein kann.

A37 Der Wahrsager des französischen Königs Ludwig XI. hatte das Pech, den Tod einer der Geliebten des Königs vorauszusagen. Als sie tatsächlich starb, rief der König den Henker zu sich und befahl ihm, auf sein Zeichen hin den Propheten zu köpfen. Sodann ließ er den Wahrsager rufen. Als dieser erschien, wandte sich der König mit folgenden Worten an ihn: „Du hältst dich für so weise, dass du das Schicksal anderer sehr genau voraussagen kannst. Sag, wie viel Zeit dir selbst zum Leben bleibt!"

Der Wahrsager sah den Henker und wusste, was die Stunde geschlagen hat. Seine Antwort war jedoch so geschickt gewählt, dass der König den Propheten nicht nur frei ließ, sondern auch befahl, dessen Leben mit aller erdenklichen Sorgfalt zu schützen.

Was hatte der Prophet dem König geantwortet?

Aber nicht nur dann, wenn Prophezeiungen eintrafen, mussten Wahrsager mit unangenehmen Konsequenzen rechnen. Auch dann, wenn ihre Prophezeiung sich nicht erfüllte, drohte Ärger.

A38 In einer mittelalterlichen Stadt siedelte sich ein Wahrsager an, der sich rühmte, zukünftigen Eltern vorhersagen zu können, ob sie einen Sohn oder eine Tochter haben werden. Der Ruhm dieses Wahrsagers war bald in aller Munde, denn er konnte stets nachweisen, dass er richtig vorhergesagt hatte. Darum konnte er sich vor Kunden nicht retten.

Mit der Zeit fanden sich aber merkwürdigerweise immer mehr Kunden, die den Wahrsager wohl falsch verstanden hatten und deren Erwartungen deshalb nicht erfüllt wurden. Einer von ihnen, ein begeisterter Anhänger des Zweiwertigkeitsprinzips der klassischen Logik, fand heraus, wie es dem Wahrsager gelang, seine Kunden hinters Licht zu führen. Worin bestand das Geheimnis des Wahrsagers?

Damit war er der heutigen Medizin immer noch weit voraus, denn hier erhält man eine verlässliche Auskunft erst einige Zeit nach der Zeugung, der Wahrsager aber gab seine Vorhersagen zu einem beliebigen Zeitpunkt, u. U. noch vor der Zeugung.

A39 Nach der Wahl stellte sich heraus, dass alle vier führenden Meinungsforschungsinstitute falsche Prognosen geliefert hatten. Deshalb wurden ihre Geschäftsführer zum Intendanten der wichtigsten Fernsehanstalt einbestellt. Der machte seiner Verärgerung Luft:

„Früher, meine Herren, wurden erfolglose Wahrsager dem Henker übergeben. Davon sind wir natürlich weit entfernt. Wir werden jedoch künftig auf Ihre Mitarbeit verzichten und die nicht unerheblichen Beträge, die wir für Ihre „Prognosen" gezahlt haben, für die Sportberichterstattung einsetzen und unsere Wahlprognosen preisgünstig aus dem Kaffeesatz lesen. Es sei denn, Sie überzeugen mich, dass Sie überhaupt in der Lage sind, logisch zu denken".

Umfragen unzuverlässig
80 Prozent der Befragten beantworten Meinungsumfragen nicht aufrichtig, so das Ergebnis der Meinungsumfrage eines der führenden Institute.
MELDUNG EINER ANONYMEN AGENTUR

Mit diesen Worten holte er vier Kappen aus seiner Tasche, zwei schwarze und zwei weiße. „Ich werde Sie jetzt zu beiden Seiten dieser Wand platzieren, einen auf der linken Seite, drei hintereinander auf der rechten Seite der Wand. Sie dürfen nur auf die Wand sehen und auf die Köpfe der vor Ihnen Sitzenden. Dann werde ich diese Kappen verteilen. Sie dürfen nicht miteinander reden. Sollte mir einer von ihnen binnen zehn Minuten begründet sagen können, welche Farbe seine Kappe hat, so erhalten Ihre Institute auch künftig eine Chance." Der Geschäftsführer, der allein auf der einen Seite der

Wand saß, bat darum, die Tür offen zu lassen, damit er die Äußerungen (oder das Schweigen) seiner Kollegen wahrnehmen könne. Diese Bitte erfüllte der Intendant.

Der Intendant verteilte die Kappen, wie auf der nebenstehenden Abbildung zu sehen.

Nach wenigen Minuten sagte einer der vier, welche Farbe seine Kappe hat.

Wer war das, und wie kam er zu diesem Schluss?

Wäre die Aufgabe auch lösbar gewesen, wenn der Intendant die Kappen anders verteilt hätte?

Ist es entscheidend, dass der Intendant die Tür offen ließ?

Biologische Wunder?

A40 Vor vielen Jahren wurde in einem Gerichtsprozess eine Erbschaftsangelegenheit verhandelt. Der Richter fragte einen Zeugen, einen 92jährigen Mann: „Sagen Sie, haben Sie einen Bruder?"

„Ich hatte einen Bruder, aber der ist vor 140 Jahren gestorben."

„Bitte halten Sie sich an die Regeln: Vor Gericht muss man die Wahrheit sagen, nichts als die Wahrheit. Wenn man sich aber nicht erinnern kann, was ja bei Ihrem Alter durchaus verständlich wäre, so können Sie dies ruhig sagen. Aber bitte machen Sie keine offensichtlich falschen Aussagen."

„Gerade weil Sie Richter sind, sollten Sie dennoch logisch denken und auch rechnen können. Ich sage die Wahrheit."

„Wenn Sie das Gericht beleidigen, kann ich Sie mit einer Geldstrafe belegen, also enthalten Sie sich solcher Äußerungen!"

„Aber hier ist der Beweis", sagte der Alte und zeigte seine Geburtsurkunde und die Sterbeurkunde seines Bruders. „Die Sache ist die, dass mein Vater …"

Leider brechen die Aufzeichnungen des Protokollanten hier ab.

Was sagte der Alte?

Fiskalische Wunder?

A41 Die Regierung Bolwaniens bestimmte den Kurs zum humbenischen Dollar neu, so dass man jetzt für einen humbenischen Dollar 90 bolwanische Cent bekommt. Die Regierung Humbeniens legte ihrerseits folgenden Kurs fest: Für einen bolwanischen Dollar erhält man 90 humbenische Cent.

An der Grenze wohnt ein Pensionär, der nach Humbenien geht und dort ein Glas Bier (für 10 Cent) trinkt. Auf den humbenischen Dollar, den er ausgibt, erhält er 90 humbenische Cent (oder einen bolwanischen Dollar) Wechselgeld. Er nimmt nun diesen Dollar und geht in Bolwanien ein Bier (ebenfalls für 10 Cent) trinken. Als Wechselgeld erhält er 90 bolwanische Cent (oder einen humbenischen Dollar). So hat er zwei Bier getrunken, aber seinen ursprünglichen Dollar hat er immer noch. Wenn er trinkfest ist und gut zu Fuß, so kann er unbegrenzt viel Bier trinken, ohne dafür zu bezahlen.

Wer bezahlt das Bier?

Nicht gereimte Ungereimtheiten

A42 „Kennst du diesen verhüllten Mann?"

„Nein."

„Aber dieser Mann ist dein Vater, also kennst du deinen eigenen Vater nicht!"

Irgendwas stimmt hier nicht, aber was?

A43 (Der Sophismus des Euathlos)

Euathlos nahm beim antiken griechischen Sophisten Protagoras von Abdera Unterricht in Sophistik. Sie einigten sich, dass Euathlos das Honorar nur dann zahlen musste, wenn er seinen ersten Gerichtsprozess gewinnt. Nach Beendigung seiner Studien dachte Euathlos aber gar nicht daran, einen Gerichtsprozess zu führen. Deshalb meinte er auch, dass er das Honorar an Protagoras nicht zu zahlen braucht. Der Lehrer drohte aber, gegen Euathlos gerichtlich vorzugehen.

„Unabhängig davon, ob dich das Gericht zur Zahlung des Honorars verpflichtet, wirst du es zahlen müssen. Entweder zahlst du nach dem Urteil des Gerichts (wenn du den Prozess verlierst), oder aber du zahlst nach unserer Abmachung."

Euathlos aber bewies, dass er die Unterweisung in Sophistik mit Gewinn besucht hatte:

„In beiden Fällen werde ich das Honorar nicht zahlen müssen. Werde ich verurteilt, so muss ich nach unserer Abmachung nicht zahlen, denn ich verliere ja meinen ersten Prozess. Im zweiten Fall aber muss ich nicht zahlen, weil mich das Gericht von dieser Verpflichtung befreit."

Möchten Sie in diesem Prozess Richter sein? Und wie lässt sich dieser Widerspruch auflösen?

Notorische Lügner und andere

Aufgaben dieser Art gehören zum goldenen Schatz der Logiker. Bei Raymond Smullyan heißen diejenigen, die stets die Wahrheit sagen, Ritter, diejenigen, die stets lügen – Schurken. In seinen Büchern findet man auch eine Vielzahl spannender Aufgaben über Ritter und Schurken.

In den folgenden Aufgaben werden uns drei Gruppen von Personen begegnen: solche, die stets lügen, solche, die stets die Wahrheit sagen und Personen, die manchmal lügen und manchmal die Wahrheit sagen. Die ersten beiden Gruppen sind Ergebnisse einer Idealisierung, zu der sich nur Mathematiker, Logiker und vielleicht Moralapostel hinreißen lassen. Es ist, am Rande gesagt, gar nicht so einfach zu definieren, was denn ein notorischer Lügner ist. Wir werden nämlich sehen, dass es durchaus Situationen gibt, wo notorische Lügner wahrheitsgemäß Auskunft geben, selbst dann, wenn wir nicht wissen, dass wir einen solchen gefragt haben.

Beginnen wir jedoch mit einer einfachen Aufgabe, die die dritte Gruppe betrifft.

A44 Vor langer Zeit lebten zwei Schwestern, Else und Martha. Sie sprachen fast immer die Wahrheit, nur an ihrem Geburtstag durfte jede von ihnen lügen (und tat dies dann auch), aber nur, wenn sie nach ihrem Geburtstag gefragt wurde. Am 6. April 1442 fragte ein Reisender nach den Geburtstagen der Schwestern. Else antwortete: „Er war gestern." Martha antwortete: „Er wird morgen sein." Am nächsten Tag stellte der Reisende dieselbe Frage noch einmal. Zu seiner Überraschung antworteten beide Schwestern genau so, wie am Tag zuvor, also: „Er war gestern." (Else) und „Er wird morgen sein." (Martha). Wann hatten Else und Martha Geburtstag?

A45 Ein Logiker versprach seinem Gesprächspartner, dass er ihm sehr unwahrscheinliche Situationen demonstrieren werde. Auf ihrem Spaziergang trafen die beiden den bekannten W., der stets die Wahrheit sagte. Der Logiker stellte ihm eine Frage, auf die W. mit „Nein" antwortete. Nun wiederholte der Logiker die Frage wortwörtlich, doch diesmal antwortete W. mit „Ja". Gemeinsam setzen die drei den Spaziergang fort und trafen L., einen notorischen Lügner. Der Logiker stellte nun W. und L. dieselbe Frage und beide antworteten darauf „Ja". Danach richtete er eine andere Frage an die beiden, diesmal antworteten sie beide mit „Nein". Welche Fragen stellte der Logiker?

Die letzte Chance für Meinungsforscher

A46 Ein Meinungsforscher war von seinem Auftraggeber verklagt worden, weil seine Umfrageergebnisse vom späteren Wahlergebnis deutlich abwichen. Unglücklicherweise hatte er die Verlässlichkeit seiner Ergebnisse vertraglich zugesichert und nun wollte der Auftraggeber sein Geld zurück. Der Richter sympathisierte mit dem Meinungsforscher, und er war ein großer Freund der Logik. Er stellte ihn deshalb vor die Wahl:

„Vor dir sind zwei Türen. Gehst du durch die eine von ihnen, so musst du dein Honorar zurückzahlen, geht du durch die andere, so verlässt du als unbescholtener Mann das Gericht. An jeder der Türen steht ein Mann, wobei einer von ihnen stets die Wahrheit sagt, der andere stets lügt. Du darfst nun einem der beiden eine Frage stellen. Nach seiner Antwort musst du dich für eine Tür entscheiden."

Der Meinungsforscher zeigte sich hocherfreut: „Ich nehme das Urteil an, Herr Richter! Mir scheint, dass ich es bei den beiden Türstehern mit, wenn auch merkwürdigen, so doch rationalen Personen zu tun habe. Damit kann ich umgehen."

Kurze Zeit darauf verließ er als freier Mann das Gericht. Welche Frage hatte der Meinungsforscher gestellt?

A47 Ilja Muromez, der kühne Recke der russischen Sagenwelt, stand vor einer schweren Entscheidung. Ihm war vorhergesagt worden, dass, wenn er auf seinem Weg an eine Gabelung kommt, er entscheiden müsse, ob sein Pferd umkommt oder er selbst sein Leben verliert. Nur war ihm nicht gesagt worden, welcher Weg zu welchem traurigen Ergebnis führen wird. Er hatte sich entschieden, wenn auch schweren Herzens, sein Pferd zu opfern. An der Weggabelung stand nun ein Schild mit der folgenden Inschrift: „Wenn du wissen willst, welchen Weg du einschlagen musst, so frage einen der vorbeikommenden Wanderer. Du darfst ihm jedoch nur eine Frage stellen, auf die dieser mit ‚Ja' oder ‚Nein' antwortet. Wisse ferner, dass der Reisende jemand ist, der stets die Wahrheit sagt oder jemand, der stets lügt."

Ilja hatte Glück. Der Wanderer war noch weit entfernt, so hatte er noch Zeit zum Nachdenken. Welche Frage sollte er stellen?

Wenn Sie in den vorhergehenden Aufgaben normale Menschen, also solche, die nicht immer die Wahrheit sagen, aber auch nicht immer lügen, vermisst haben, so werden die folgenden beiden Aufgaben Sie entschädigen.

A48 Ein Logiker besuchte eine Insel, auf der drei Stämme lebten. Die Angehörigen des einen sagten stets die Wahrheit, die des anderen logen stets, und die Angehörigen des dritten Stammes sagen abwechselnd die Wahrheit und die Unwahrheit. Der Logiker stellte einem zufällig ausgewählten Inselbewohner zwei Fragen und konnte sofort feststellen, zu welchem Stamm er gehörte. Welche Fragen waren dies?

A49 Kurze Zeit später kam der Logiker wieder auf die Insel. Jetzt waren die Verhältnisse dort geordnet worden; jeder Stamm wohnte in einem separaten Dorf. Die Dörfer hießen entsprechend: Wahrheit (W), Unwahrheit (U) und Halbwahrheit (H). Der Logiker traf fünf Personen: Schielauge, Bart, Stupsnase, Pausbacke und Langohr. Um herauszufinden, wer in welchem Dorf wohnt, bat der Logiker die ersten beiden, der Reihe nach zu erzählen, wer in welchem Dorf wohnt. Schielauge erzählte, dass Bart ein Halbwahrer, Stupsnase ein Wahrer, Pausbacke ein Halbwahrer und Langohr ein Unwahrer sei. Bart erklärte, dass Schielauge ein Halbwahrer, Stupsnase ein Unwahrer, Pausbacke ein Wahrer und Langohr ein Halbwahrer ist. Auf die Befragung der anderen verzichtete der Logiker, denn er konnte jetzt definitiv sagen, wer aus welchem Dorf stammt. Welche Überlegungen stellte er an?

3.4 Logische Katastrophen

Sicher ist, dass nichts sicher ist. Selbst das nicht.
Joachim Ringelnatz

Dieser Abschnitt unterscheidet sich in vielerlei Hinsicht von den vorhergehenden. Auch hier finden sich zahlreiche Aufgaben, doch zu diesen sind statt Lösungen häufig nur Anmerkungen und Kommentare zu finden. Die Aufgaben sind nicht in erster Linie zum Lösen gedacht, sondern zum weiteren Nachdenken über die Fallstricke, die uns der unbedachte Gebrauch der Sprache beschert. Viele dieser Problemstellungen sind seit Jahrhunderten bekannt, oft schon aus der Geschichte der (antiken) Philosophie. Sie zeugen von tief greifenden Erschütterungen des Denkens und untergraben unseren Glauben, dass man jedes Problem im Rahmen der herkömmlichen Muster unseres Denkens zufrieden stellend lösen könne. Daher nimmt es auch nicht wunder, dass sie als Paradoxa (Antinomien oder auch Aporien) bezeichnet werden. Diese Bezeichnungen sind oft historisch bedingt; hier soll verallgemeinernd (und etwas grob zeichnend) Paradoxon stellvertretend für alle diese Denkunmöglichkeiten stehen.

Paradoxon, Antinomie, Aporie

„Denkunmöglichkeit" ist für sich genommen eine widersprüchlicher Begriff.

Die ältesten dieser Denkunmöglichkeiten sind seit mehr als zweitausend Jahren bekannt. Sie waren und sind ein fester Bestandteil philosophischer Bildung, erzeug(t)en aber im ungünstigsten Fall ein gewisses Unbehagen. Und so wie wir in der Lage sind (oder lernen), mit einer schweren Behinderung zu leben, so war auch hier ein gewisser Gewöhnungseffekt zu verzeichnen. Diese Ungereimtheiten gibt es, man kennt sie und sucht, ähnliche zu vermeiden. Im täglichen Leben, selbst im sonstigen Wissenschaftsbetrieb spielten sie jedoch kaum eine Rolle. Diese Situation änderte sich zu Beginn des 20. Jahrhunderts grundlegend. Das Russellsche Paradoxon erschütterte die Grundlagen der Mathematik nachhaltig. In der Folge stieß man auf weitere Paradoxa (Grelling, Nelson u. a.)

Bertrand Russell (1872–1970) britischer Philosoph und Mathematiker, Nobelpreisträger für Literatur

Leonhard Nelson (1882–1927) deutscher Philosoph

Seither hat es viele Versuche gegeben, die Paradoxa intellektuell zu bewältigen, ohne wesentliche Grundsätze der Logik aufzugeben. Bis heute hat sich aber keiner dieser Ansätze endgültig etablieren können. Paradoxa waren und sind spannende Phänomene, die unsere intellektuellen Fähigkeiten bis an die Grenze unserer Möglichkeiten ausreizen. Im Ergebnis der Auseinandersetzung mit ihnen sind neue Theorien geschaffen worden, die Grenzen unserer tradierten Vorgehensweisen wurden deutlicher abgesteckt, aber eine sichere und allgemeine Strategie zur Vermeidung von Paradoxa gibt es bis heute nicht (es sei denn, man versteigt sich darauf, selbstbezügliche Aussagen, eine der wesentlichen Quellen von Paradoxa, ganz zu verbieten).

F. Kannetzky, paradoxes denken

R.M. Sainsbury: Paradoxien

Deshalb kann es in diesen Abschnitt auch nur darum gehen, wichtige Arten von Paradoxa vorzustellen, und an den Leser zu appellieren, solche zu vermeiden und grundsätzlich stets kritisch an eigene und fremde Äußerungen heranzugehen.

Wie schon genannt, spielen selbstbezügliche sprachliche Ausdrücke eine wesentliche Rolle bei den echten Paradoxa. Am Anfang soll zunächst eine vorsichtige Annäherung an das Problem stehen.

Misslungene Ratschläge

Dass man jemandem einen Rat gibt, der sich im Nachhinein als wenig hilfreich oder gar irreführend erweist, kommt gelegentlich vor. Ebenso kann es sein, dass wir jemanden zu etwas auffordern, das dieser gar nicht leisten kann, weil die Situation dies nicht zulässt.

Um so größer ist das Staunen, wenn wir feststellen, dass es Ratschläge gibt, die nicht einfach falsch oder unpassend sind, sondern die sich selbst ad absurdum führen. Und was sollen wir von einer Aufforderung halten, die unter keinen Umständen zu befolgen ist? Gerade von solchen Dingen soll im Folgenden die Rede sein.

Lesen Sie keine Bücher!
AUS EINEM ALTEN BUCH

A50 *Befolgen Sie keine Ratschläge von anderen Personen!* Das ist leicht gesagt, aber schwer zu befolgen. Abgesehen davon, dass dieser Ratschlag unglücklich formuliert ist (der Verweis auf andere Personen ist überflüssig, denn Ratschläge können nur von anderen Personen kommen), er ist auch nicht zu befolgen. Denn wenn wir diesen Rat befolgen wollten, so dürften wir ihn nicht befolgen. Wenn wir ihn dagegen nicht befolgen wollten, so würden wir ihn (wenigstens in diesem speziellen Fall) befolgen. Auf welche Situation man diesen Rat bezieht, wer auch immer der Adressat sein sollte, der Satz verfehlt seine Funktion prinzipiell. Finden Sie andere Beispiele!

Glauben Sie keinem Dozenten!
Dozent in der Vorlesung

Dass solche Arten von Sätzen gar nicht so selten sind, soll ein weiteres Beispiel verdeutlichen.

Betriebsausweise sind unaufgefordert vorzuzeigen! So stand es am Eingang eines Forschungsinstituts. Das Besondere an dieser Aufforderung: Mann kann sie nur befolgen, wenn man sie ignoriert! Dass es dennoch keine Verwirrung gibt, hängt damit zusammen, dass wir diese Aufforderung stillschweigend korrigieren: Betriebsausweise sind ohne weitere Aufforderung vorzuzeigen! Und damit sind dann alle Probleme mit dieser Aufforderung behoben.

Diese Aufforderung konnte man vor einigen Jahren selbst am Haupteingang einer Universität lesen!

Warum es keine Barbiere mehr gibt

A51 So etwas konnte nur vor langer, langer Zeit geschehen. In einem Dorf erhielt ein Barbier die Genehmigung zur Ausübung seines Handwerks mit der Auflage, er habe alle diejenigen und nur diejenigen männlichen Einwohner zu rasieren, die sich nicht selbst rasieren. War er zunächst froh, dass er überhaupt die Genehmigung erhalten hatte, so musste er bald feststellen, dass er die Auflagen nicht erfüllen konnte.

Warum? Gibt es Möglichkeiten, dem Barbier zu helfen?

Wenn wir dann noch entdecken, dass man (Aussage-)Sätze aufzeigen kann, die korrekt gebildet sind, in denen jedes Wort bekannt ist, und die weder wahr noch falsch sein können, so ist es sicher berechtigt, von logischen Katastrophen zu sprechen. Denn dass ein Satz, der nicht wahr ist, falsch ist, gehört zu den Grundüberzeugungen, die wir mit dem bewussten Beherrschen der Sprache gewonnen haben.

Oh, wie der Falschheit Außenseite glänzt!
WILLIAM SHAKESPEARE

Die Aporien des Zenon von Elea

Der antike griechische Philosoph Zenon von Elea „bewies" die Unmöglichkeit der Vielfalt der Dinge und der Existenz einer Bewegung. Er ist bekannt durch seine häufig erörterten Paradoxa oder Aporien (von griechisch *απορία* – Ausweglosigkeit, Ratlosigkeit), die Philosophen, Logikern und Mathematikern oft Sorge bereiteten. Insgesamt formulierte Zenon 45 Aporien, die bekanntesten davon sind „Dichotomie", „Achilles und die Schildkröte", „Der fliegende Pfeil ruht" und „Das Stadion".

siehe auch Abschnitt 2.3

Dichotomie (Zweiteilung)

A52 Ein Körper, der sich vom Punkt A zum Punkt B ($|AB| = 1$) bewegen soll, erreicht nie sein Ziel. Er müsste nämlich zuerst die Hälfte der Strecke $\overline{AB}$ durchlaufen, dabei von dieser Hälfte erst wieder die erste Hälfte und so unendlich viele Male weiter. Er muss also eine unendliche Menge von Mittelpunkten der Strecken, deren Längen

$$\frac{1}{2}, \frac{1}{4}, \frac{1}{8}, \ldots, \frac{1}{2^n}, \ldots$$

betragen, durchlaufen. Da dies faktisch unmöglich ist, bewegt er sich nicht von der Stelle. Eine Bewegung ist also unmöglich, denn sie kann erst gar nicht beginnen.

Der fliegende Pfeil ruht

A53 Wenn man sich Raum und Zeit durch unteilbare Teilchen gebildet vorstellt, so ruht ein Pfeil, welcher fliegt. In jedem unteilbaren Augenblick (Zeitatom) nimmt der Pfeil ein und dieselbe Lage ein, und seine Spitze befindet sich in einem Raumatom, wo eine Bewegung nicht mehr möglich ist, denn das Raumatom ist unteilbar. Dann besteht aber die ganze Flugbahn des Pfeils aus solchen Zuständen der Ruhe. Da sich der Pfeil im Ruhezustand nicht bewegt, ist der Weg, den er in diesem Augenblick zurücklegt, gleich null. Das bedeutet aber, das der ganze Weg $0 + 0 + 0 + \ldots = 0$ ist. Der Pfeil bewegt sich also nicht!

Das Stadion

A54 In einem Stadion bewegt sich der Körper A gleichmäßig nach rechts und der Körper B nach links. Man stelle sich vor, dass diese Körper unteilbar, also Atome, sind und dass sie während eines Zeitatoms die Strecke von einem Raumatom zurücklegen. Wenn sich die Körper nun zu Beginn der Bewegung $2n + 1$ ($n \in N$) Raumatome voneinander entfernt befinden, so werden sie sich in der Mitte des Weges nach $\frac{1}{2}(2n + 1)$ Zeitatomen treffen. Dabei wird jeder Körper einen Weg von $\frac{1}{2}(2n + 1)$ Raumatomen zurücklegen. Wenn wir uns also die Bewegung in einer diskreten Raum-Zeit vorstellen, gelangen wir zu einem Widerspruch. Es ist also in diesem Fall keine Bewegung möglich.

Diskret heißt in diesem Fall: Aus kleinsten, nicht weiter teilbaren und unterscheidbaren Einheiten bestehend.

Die Paradoxa des Eubulides von Milet (4. Jh. v. u. Z.)

Eubulides von Milet war ein griechischer Philosoph aus der megarischen Schule. Er versuchte zu beweisen, dass die gefühlsmäßige Widerspiegelung der Realität nicht exakt ist und dass Erkenntnis überhaupt nicht möglich ist, da sie widersprüchlich sei. Zur Begründung seiner Ideen formulierte er eine Reihe von Sophismen und Paradoxa, in denen er die Ideen des Zenon von Elea fortführte (und zuspitzte).

Der Getreidehaufen

Gelegentlich wird dieses Problem auch als Haufenparadoxon bezeichnet.

A55 Ein Getreidekorn bildet, soviel ist unzweifelhaft, keinen Haufen. Fügt man ein weiteres Korn hinzu, so erhält man immer noch keinen Haufen. Überhaupt gilt: Fügt man zu einem Nicht-Haufen ein Korn hinzu, so bleibt das Ganze immer noch ein Nicht-Haufen. Wie aber kann man dann überhaupt einen Haufen erzeugen? Man kann die Aufgabe auch umgekehrt formulieren: Sei ein Haufen Getreidekörner gegeben, so bleibt, nimmt man ein Korn weg, immer noch ein Haufen übrig. Das kann man nun hinreichend oft wiederholen, aus einem Haufen wird durch Wegnehmen eines Korns kein Nicht-Haufen. Und dennoch bleibt irgendwann (der Haufen hat u. U. viele, aber doch nur endlich viele Körner) irgendwann nur noch ein Korn übrig. Wird man dies etwa einen Haufen nennen?

Der Lügner

Es hat einer aus ihnen gesagt, ihrer eigen Prophet, die Kreter sind immer Lügner, böse Tier und faule Bäuche. Dies Zeugnis ist wahr.
(Paulus an Titus, 1.12)

Hierbei handelt es sich sicher um eines der berühmtesten (berüchtigsten) Paradoxa. Es findet sich in modifizierter Form in zahlreichen Texten, u. a. auch im Alten Testament.

Epimenides sagte: „Alle Kreter sind Lügner." Epimenides war selbst Kreter, also ist auch er ein Lügner. Wenn er ein Lügner ist, müsste seine Behauptung aber falsch sein. Das bedeutet, dass die Kreter keine Lügner sind, somit ist auch Epimenides kein Lügner und seine Behauptung damit wahr. Ist die Behauptung von Epimenides nun wahr oder falsch? Oder liegt, so formuliert, gar kein Paradoxon vor?

A56 Die „puristische" Form des Lügner-Paradoxons ist folgende:

Der eingerahmte Satz ist falsch.

Ist dieser Satz nun wahr oder falsch?

Paradoxa aus der Mengenlehre

In den 70er Jahren des 19. Jahrhunderts entwickelte der hervorragende deutsche Mathematiker Georg Cantor ein neues mathematisches Teilgebiet, die Mengenlehre. Ihre Schaffung war ein revolutionärer Umbruch in Mathematik und Philosophie. Die Mengenlehre bereicherte die Mathematik durch neue, außerordentlich wichtige Entdeckungen und sollte eine theoretische Grundlage der Mathematik werden. Und gerade als die Cantorsche Mengenlehre nach einer Zeit, in der sie zunächst nicht anerkannt war, einen Sieg feierte, wurden in ihr Paradoxa (Antinomien) entdeckt. Dies machte einen niederschmetternden Eindruck auf viele Wissenschaftler, denn gerade sie wurde zunehmend als ein Fundament der Mathematik angesehen. Und dieses Fundament hatte Risse, d. h. enthielt Widersprüche. Die Paradoxa der Cantorschen Mengenlehre riefen eine Krise der methodologischen Fundierung der Mathematik hervor, deren Spätwirkungen bis heute nicht vollständig überwunden sind. Das erste Paradoxon wurde von Cantor selbst um 1895 und 1897 vom italienischen Mathematiker Cesare Burali-Forti entdeckt. Durch ihn wurde es zahlreichen Mathematikern bekannt. Das zweite Paradoxon entdeckte Cantor im Jahre 1899, danach purzelten die Paradoxa wie aus einem Füllhorn hervor und stifteten bei vielen Mathematikern Verwirrung. Einen besonders tiefen Eindruck machte das Paradoxon des englischen Mathematikers, Logikers und Philosophen Bertrand Russell. Im Folgenden sind nur wenige Beispiele für solche

Cesare Burali-Forti (1861–1931) italienischer Mathematiker

Paradoxa angeführt, solche, die keine tiefer gehenden mathematischen Kenntnisse erfordern.

Das Paradoxon von G. Cantor aus dem Jahr 1895

Zum Begriff der Mächtigkeit siehe Abschnitt 2.3

A57 Für endliche wie unendliche Mengen gilt folgender Satz: Die Menge M_1 aller Teilmengen der Menge M besitzt eine größere Mächtigkeit als die Menge M. Es sei nun A die Menge aller Mengen und A_1 die Menge der Teilmengen der Menge A. Nun ist einerseits A_1 eine Teilmenge der Menge A, der Menge aller Mengen, und hat deshalb eine Mächtigkeit, die nicht größer ist als die der Menge A. Andererseits ergibt sich aber aus dem eingangs angeführten Satz, dass die Mächtigkeit der Menge A_1 größer ist als die der Menge A, womit offensichtlich ein Widerspruch entsteht.

Das Paradoxon von Russell (1902, veröffentlicht 1903)

Für eine gegebene Menge kann man sinnvoll die Frage stellen, ob diese sich selbst als Element enthält. So ist zum Beispiel die Menge aller abstrakten Begriffe selbst ein abstrakter Begriff. Viele Mengen enthalten sich aber selbst nicht als Element. Die Menge aller natürlichen Zahlen ist keine natürliche Zahl, die Menge aller Sterne kein Stern usw.

A58 Man teilt nun die Mengen in zwei Klassen ein: Zur ersten (M_1) zählen alle die Mengen, die sich selbst als Element enthalten, zur zweiten (M_2) alle die Mengen, die sich selbst nicht als Element enthalten. Nun betrachtet man die Menge N, die Menge aller Mengen der Klasse M_2. Angenommen, es gilt $N \notin M_2$, dann folgt daraus sofort, dass $N \in M_2$. Andererseits, wenn $N \in M_2$, so folgt sofort $N \notin M_2$. Das Ergebnis ist wenig hoffnungsvoll, es gilt $N \in M_2 \Leftrightarrow N \notin M_2$! Später hat Russell selbst sein Paradoxon am Beispiel des Barbiers popularisiert (s. Aufgabe 51).

Das Paradoxon von J. Richard (1905)

Jules Richard (1862–1956) französischer Mathematiker

Man nehme irgendeine natürliche Sprache, zum Beispiel die deutsche, mit deren Hilfe man arithmetische Eigenschaften der natürlichen Zahlen ebenso wie auch solche Zahlen definieren kann, und untersuche alle diese Definitionen, die man in der deutschen Sprache formulieren kann. Jede dieser Definitionen besteht aus einer endlichen Zahl von Wörtern und somit aus einer endlichen Zahl von Buchstaben des Alphabets. Deshalb kann man für diese Definitionen eine Ordnungsrelation einführen: Eine Definition liegt vor einer anderen, wenn die Zahl der Buchstaben der ersten Definition kleiner ist als die der zweiten. Falls zwei Definitionen aus der gleichen Anzahl von Buchstaben bestehen, so soll sich ihre Reihenfolge nach der alphabetischen Reihenfolge der Buchstaben richten. Jetzt werden alle Definitionen nach dieser Relation geordnet und in dieser Reihenfolge nummeriert. Damit ist jeder Definition eine natürliche Zahl (die Ordnungszahl in dieser Reihenfolge) zugeordnet und umgekehrt. Nun kann es vorkommen, dass eine natürliche Zahl gerade die Eigenschaft hat, die mit der zugeordneten Definition definiert wird. Das ist zum Beispiel der Fall, wenn der Definition der Primzahl eine Nummer a zugeordnet ist, die selber eine Primzahl ist. Auch das Gegenteil kann der Fall sein, so könnte etwa die Nummer b, die der Definition einer Quadratzahl zugeordnet ist, selbst keine Quadratzahl sein. In jedem Fall aber trifft genau einer dieser beiden Fälle zu, so scheint es zumindest.

Semantische Paradoxa

A59 Es heiße nun n_i $(n_i \in \mathbb{N})$ eine Richardsche Zahl, wenn n_i nicht die Eigenschaft besitzt, die mit der Definition unter der Nr. n_i beschrieben wird. In unseren Beispielen wäre a keine Richardsche Zahl, b dagegen schon. Die Definition einer Richardschen Zahl ist natürlich wieder eine Definition einer Eigenschaft der natürlichen Zahlen, sie kommt deshalb in der beschriebenen Folge von Definitionen vor, ihre Nummer dort sei n_r.Das Paradoxon von Richard entsteht, wenn man versucht, die völlig eindeutige Frage zu beantworten, ob n_r eine RICHARDsche Zahl ist.

KURT GRELLING (1886–1942) deutscher Mathematiker, Logiker und Philosoph

Das Paradox von GRELLING (1908)

A60 Verschiedene deutsche Adjektive, so zum Beispiel „deutsch" und „mehrsilbig" beschreiben Eigenschaften, die auf sie selber zutreffen. Solche Adjektive sollen autologisch genannt werden. Auf viele andere, so etwa „französisch", „kalt", „süß", trifft die Eigenschaft, die sie selbst beschreiben, nicht zu. Man nennt nun Adjektive der zweiten Art heterologisch. Ziemlich schwierige Probleme entstehen, wenn man festzustellen versucht, ob „heterologisch" selbst heterologisch ist. Begründen Sie diese Behauptung!

3.5 Lösungen und Kommentare

Kürzt man derart ungeniert, ist meist die Regel kompliziert.

A1 Genau genommen ist hier gar keine Regel formuliert worden. Die Beispiele suggerieren jedoch, für beliebige Ziffern a, b und c gelte stets $\frac{ab}{bc} = \frac{a}{c}$, d. h, man könne die Einerstelle des Zählers und die Zehnerstelle des Nenners gegeneinander kürzen. Das ist so nicht richtig, wie etwa man am Beispiel $\frac{13}{39}$ zeigen kann: Kürzt man Zähler und Nenner durch traditionell (durch 13), so erhält man $\frac{13}{39} = \frac{1}{3}$. Verfährt man dagegen nach der „neuen Regel", so ergibt sich $\frac{1\not{3}}{\not{3}9}$, also $\frac{1}{9} \neq \frac{1}{3}$. Hinreichende und notwendige Bedingung für die Anwendbarkeit dieser Regel ist, dass gilt: $10\,a\,(c-b) = (a-b)\,c$. Das trifft aber nur auf wenige Tripel $a, b, c \in \{0, 1, \ldots 9\}$ zu. Bei so komplizierten Anwendungsbedingungen lohnt die Mühe nicht, sich eine solche Regel einzuprägen.

Damit ist auch schon ein Muster für die folgenden Lösungen angedeutet. Diese Regeln kann man privat nennen, weil ihre Anwendbarkeit an sehr spezielle Bedingungen gebunden ist.

In der Mathematik werden, wie in anderen Wissenschaften auch, die untersuchten Objekte nach bestimmten Eigenschaften klassifiziert. So kann man z. B. die natürlichen Zahlen einteilen in

a) gerade und ungerade Zahlen

b) durch 3 teilbare Zahlen und nicht durch 3 teilbare Zahlen

c) die Untermengen $\{0\}$, $\{1\}$, {Primzahlen} und {zusammengesetzte Zahlen}

In der Menge der Primzahlen kann man nun etwa die Primzahlen der Form $4k + 1$ als eine eigene Unterklasse hervorheben. Je kleiner eine Klasse ist, um so mehr Regeln lassen sich finden, die für alle Objekte in dieser Klasse zutreffen. Darunter sind dann aber auch viele Regeln, die nur für die Objekte dieser spezifischen Teilklasse, nicht aber für die ursprüngliche Gesamtheit zutreffen. Die untypischen arithmetischen Regeln in den Aufgaben A1 bis A9 verdeutlichen dies.

Sind solche Regeln nützlich oder nicht? Die Antwort auf diese Frage fällt nicht ganz eindeutig aus. In einem allgemeinen Sinne sind sie es sicher, da sie – wie alle Regeln – den Umgang mit den Objekten dieser Gesamtheit vereinfachen. Andererseits ist eine Regel aber nur dann für den Anwender von Nutzen, wenn er sich diese einprägen bzw. leicht nachschlagen kann. Treten Regeln inflationär auf, so wird der Zugriff auf die einzelne Regel erschwert, das schränkt sicher ihren potenziellen Nutzen ein. Jede einzelne Regel sollte zudem einfach und einprägsam sein, und sie sollte auf einen hinreichend wichtigen und möglichst umfassenden Anwendungsbereich zutreffen.

Trifft nur eine dieser Bestimmungen nicht zu, so wird die Regel wohl eine private bleiben. All dies gilt für die genannten Aufgaben.

Auch die Regel „Ist jede Ziffer einer Zahl durch 3 teilbar, so ist auch die Zahl selbst durch 3 teilbar" wird wohl kaum die übliche Teilbarkeitsregel für die 3 verdrängen (Eine Zahl ist genau dann durch 3 teilbar, wenn ihre Quersumme durch 3 teilbar ist). Letztere ist allgemeiner (trifft auf einen größeren Bereich zu), und sie ist noch immer hinreichend einfach.

Es gilt also stets eine Balance zu finden zwischen der Einfachheit einer Regel und einer ausreichenden Größe ihres Anwendungsbereichs. Nützlich (und dann nicht mehr privat) sind diejenigen Regeln, für die dieses Verhältnis ausgewogen ist.

A2 Es gibt tatsächlich Brüche, in denen man im Zähler und im Nenner Ziffern gegeneinander kürzen kann, ohne dass sich der Wert des Bruches ändert. Die gilt für Brüche der Gestalt

$$\frac{\overbrace{abmm\ldots mmcd}^{n}}{dcmm\ldots mmba} = \frac{\overbrace{abmm\ldots mmcd}^{n-1}}{dcmm\ldots mmba} = \frac{abcd}{dcba},$$

für die $a + c = b + d$, $a < d$ und $m = 2, 3, \ldots, 9$ gilt. Es gibt exakt 120 solcher Brüche.

A3 Diese Möglichkeit zum „Kürzen" von Brüchen, nach dem folgenden Muster

$$\frac{\overbrace{amm\ldots mmb}^{n}}{bmm\ldots mma} = \frac{\overbrace{amm\ldots mmb}^{n-1}}{bmm\ldots mma} = \frac{ab}{ba},$$

besteht nur unter der Bedingung, dass $a + b = m$ und $a < b$. Es existieren nur 16 Brüche dieser Art.

A4 Für diesen Fall gelten ähnlich exotische Bedingungen; dass eine solche Regel nicht allgemein gilt, zeigt das Beispiel

$$\frac{5}{3} \neq \frac{125}{213} \neq \frac{521}{321} \neq \frac{5}{3}.$$

A5 Die Gleichheit $\frac{a-b}{c+d} = \frac{a}{c} - \frac{b}{d}$ ist (vorausgesetzt, dass $c, d, c+d \neq 0$) den folgenden äquivalent:

$$(a-b)cd = (c+d)(ad-bc)$$

$$acd - bcd = acd + ad^2 - bc^2 - bcd$$

$$ad^2 - bc^2 = 0$$

Sie ist auch nur bei Erfüllung dieser Bedingung zutreffend.

A6 Auch diese Regel gilt nicht allgemein, sondern nur für ganz spezielle Ausdrücke. Es ist nämlich

$$\frac{a^3+b^3}{a^3+(a-b)^3} = \frac{a+b}{a+(a-b)} \cdot \frac{a^2-ab+b^2}{a^2-a(a-b)+(a-b)^2}$$

$$= \frac{a+b}{a+(a-b)} \cdot \frac{a^2-ab+b^2}{a^2-a^2+ab+a^2-2ab+b^2}$$

$$= \frac{a+b}{a+(a-b)},$$

also $\frac{a^3+b^3}{a^3+(a-b)^3} = \frac{a+b}{a+(a-b)}$

A7 Den Wurzelregeln liegt die Identität $\sqrt[n]{a + \frac{a}{a^n-1}} = a\sqrt[n]{\frac{a}{a^n-1}}$ zugrunde, von deren Richtigkeit man sich durch einfache Umformungen überzeugen kann.

A8 Diese Regeln sind nur für Zahlen der folgenden Art zutreffend:

a) $a + \frac{a}{a-1}$ bzw. $\frac{a^2}{a-1}$ $(a > 0)$, denn

$$a + \frac{a}{a-1} = \frac{a(a-1)+a}{a-1} = \frac{a^2-a+a}{a-1} = a \cdot \frac{a}{a-1}$$

$$\frac{a^2}{a-1} - a = \frac{a^2 - a(a-1)}{a-1} = \frac{a}{a-1} = \frac{a^2}{a-1} : a$$

b) $\frac{b}{c} + \left(1 - c - \frac{b}{c}\right)$, wobei b, $c > 0$ ist, denn durch Umformungen kann man leicht nachweisen, dass

$$\frac{b}{c} + \left(1 - c - \frac{b}{c}\right) = \frac{b + \left(1 - c - \frac{b}{c}\right)}{c + \left(1 - c - \frac{b}{c}\right)} \text{ gilt.}$$

A9 a) Es ist $\log(a+b) = \log a + \log b$ genau dann, wenn $b > 1$ und $a = \frac{b}{b-1}$.

b) Es ist $\log(a-b) = \log a - \log b$ genau dann, wenn $b > 1$ und $a = \frac{b^2}{b-1}$

A10 Solange kein anderer Nutzen absehbar ist, wird wohl auch diese Regel kaum zu den wichtigen Regeln der Mathematik gezählt werden. In gewisser Weise ist dies auch gut so, denn wie sollte sonst dieser Partygag funktionieren.

Aber ganz zweifellos ist das Ergebnis regelgerecht. Aus der Zahl *f* mit der Ziffernfolge *abc* gewinnt man die Zahl *g* mit der Ziffernfolge *abcabc*, indem man *f* mit 1001 multipliziert. Teilt man nun *f* nacheinander durch 7, 11 und 13, so erhält man wieder die ursprüngliche Zahl, denn $7 \cdot 11 \cdot 13 = 1001$.

A11 Wenn, wie im vorliegenden Fall, die „bewiesene" Behauptung offensichtlich falsch ist, liegt es nahe, dass der vorgelegte „Beweis" keiner ist. Was also ist falsch? Der Widerspruch in der Gleichheit $\frac{p^2}{q^2} = n$ (auf der einen Seite ein unkürzbarer Bruch, auf der anderen Seite eine natürliche Zahl) ist nur dann einer, wenn wir voraussetzen, dass $q \neq 1$. Diese unausgesprochene Voraussetzung haben wir aber in der Annahme, $\sqrt{n}$ sei darstellbar als $\frac{p}{q}$, nicht aufgeführt. Mit gutem Grund, denn wie etwa will man z. B. $\sqrt{4}$ in der Form eines nicht kürzbaren Bruchs $\frac{p}{q}$ mit $q \neq 1$ darstellen? Um also unsere Annahme akzeptabel zu machen, müssen wir definitiv zulassen, dass $q = 1$, dann aber scheitert die Konstruktion des Widerspruchs.

A12 So, wie der Schüler den Nachweis aufgebaut hat, kann man fast alles beweisen. Der Fehler liegt darin, dass für den Nachweis der Identität $\sqrt[3]{7+5\sqrt{2}} + \sqrt[3]{7-5\sqrt{2}} = 2$ diese selbst verwendet wurde [beim Einsetzen von (1) in die Gleichung (2)]. Das ist natürlich nicht zulässig. Da die Behauptung jedoch zutreffend ist, stellt sich die Frage, wie man diese korrekt beweist.

idem per idem (lat.)

Dazu kann man wie folgt verfahren:

Man geht aus von der Gleichung

$$\sqrt[3]{7+5\sqrt{2}} + \sqrt[3]{7-5\sqrt{2}} = a \qquad (4)$$

und löst diese nach a auf. Stellt sich dabei heraus, dass $a = 2$, so ist die behauptete Identität nachgewiesen. Aus (4) erhält man

$$14 + 3\sqrt[3]{(7+5\sqrt{2})^2} \cdot \sqrt[3]{7-5\sqrt{2}} + 3\sqrt[3]{7+5\sqrt{2}} \cdot \sqrt[3]{(7-5\sqrt{2})^2} = a^3$$

$$3\sqrt[3]{(7+5\sqrt{2})(7-5\sqrt{2})} \cdot \left(\sqrt[3]{7+5\sqrt{2}} + \sqrt[3]{7-5\sqrt{2}}\right) = a^3 - 14.$$

In diese Gleichung darf man (4) einsetzen, denn dies ist nicht die behauptete Identität. Somit erhält man

$$3\sqrt[3]{(7+5\sqrt{2})(7-5\sqrt{2})} \cdot a = a^3 - 14$$

$$3\sqrt[3]{49-50} \cdot a = a^3 - 14$$

$$a^3 + 3a - 14 = 0.$$

Aus dieser Gleichung lässt sich nun a bestimmen:

$$(a-2)(a^2+2a+7)=0$$

hat als einzige reelle Lösung $a=2$, womit die behauptete Identität nun tatsächlich bewiesen wurde.

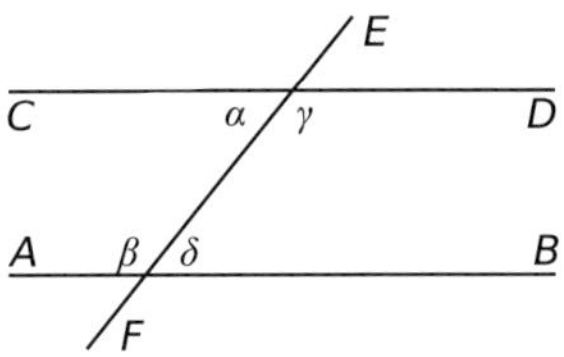

A13 Auch hier ist der vorgelegte Gedankengang nicht schlüssig, weil lückenhaft. Dem leistet eine ungenaue Formulierung Vorschub. Die beschriebene Fallunterscheidung

a) Die Summe ist größer als 180°.

b) Die Summe ist kleiner als 180°.

c) Die Summe ist gleich 180°.

ist zweifellos korrekt gefasst, aber es ist nicht die, die wir beim „Beweis" tatsächlich benutzt haben. Nach der beschriebenen Fallunterscheidung hätten wir nicht drei, sondern **neun** Fälle unterscheiden müssen: Für die beiden Winkelsummen kann jeweils jede der genannten Alternativen zutreffen. Dann kann es u. a. auch sein, dass für α und β a) zutrifft und für γ und δ b) zutrifft, dies aber führt nicht zu einem Widerspruch. Gleiches gilt, wenn für die erste Summe b) und für die zweite Summe a) zutrifft. Dann können wir diese Fälle aber nicht ausschließen, und der Beweis bleibt unvollendet.

Die Fallunterscheidung, die wir tatsächlich benutzt haben, beschreibt die Fälle so, dass die Summe der inneren einseitigen Winkel **stets** größer, kleiner bzw. gleich 180° sei. Diese aber ist nicht gerechtfertigt.

A14 Die Argumentation, die angeführt wird, um nachzuweisen, dass die Punkte A, D und B auf einer Geraden liegen, ist völlig korrekt. Da sich durch zwei Punkte genau eine Gerade legen lässt, hätten wir korrekt fortsetzen müssen, dass D also offensichtlich auf der Dreieckseite $\overline{AC}$ liegen muss, und somit die Darstellung ungenau ist.

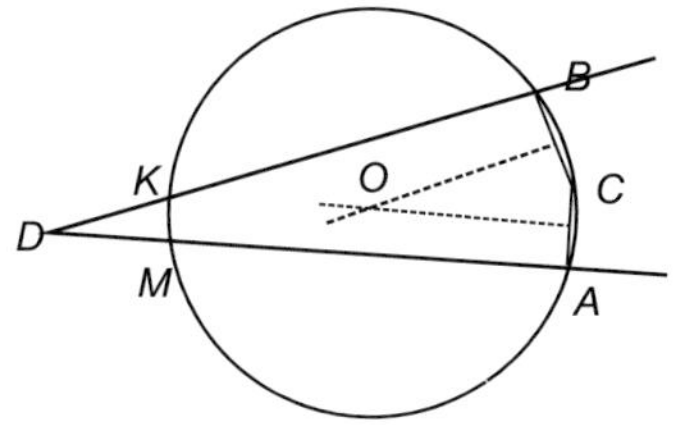

A15 Auch hier haben wir es wieder mit Chimären zu tun, die von einer nicht ganz exakten Darstellung suggeriert werden. Wie, so sollte man fragen, ist denn der Kreis, auf dem die Punkte *B*, *C* und *A* liegen, konstruiert worden? Offensichtlich bilden die Radien aus dem Mittelpunkt *O* nach *B* und *C* bzw. nach *C* und *A* jeweils gleichschenklige Dreiecke, *O* liegt also auf dem Schnittpunkt der Mittelsenkrechten von $\overline{BC}$ und $\overline{CA}$. Diese Mittelsenkrechten sind nun nach Konstruktion jeweils parallel zu $\overline{KB}$ bzw. $\overline{MA}$. Dann ergeben einfache Überlegungen, dass die Punkte K und M jeder mit dem Punkt zusammenfallen, der sich als Verlängerung von $\overline{CO}$ bis zum zweiten Schnittpunkt mit dem Kreis ergibt. Sie sind also identisch und damit auch identisch mit *D*. Nur eine unpräzise Zeichnung konnte die Illusion dreier verschiedener Punkte erzeugen. Im Übrigen gilt auch hier, dass man sich nicht allzu sehr auf die Beweiskraft der Darstellung verlassen sollte, es könnte gut sein, dass letztere korrekt ist, aber zufällig einen spezifischen Teilfall realisiert, für den die Behauptung gerade zutrifft.

A16 Zu den spezifisch mathematischen Beweismitteln gehört selbstverständlich auch das Umformen von Gleichungen oder Ungleichungen – vorausgesetzt, sie werden korrekt ausgeführt, so dass sie wahrheitserhaltend sind. Genau gegen dieses Prinzip wurde hier verstoßen. Im letzten Umformungsschritt wurde durch $|AE| \cdot |DE| - |BE| \cdot |CE|$ geteilt. Nach (1) ist aber dies gleich null (vgl. dazu auch Abschnitt 2.2).

A17 Die Behauptung ist falsch. Tatsächlich ist für $x = 0, \ldots, 40$ die Zahl $f(x)$ jeweils prim, aber für $x = 41$ ist $f(41) = 41^2 + 41 + 41 = 41 \cdot 43$ offensichtlich keine Primzahl. Dieses Polynom untersuchte schon L. Euler.

Leonhard Euler (1707–1783) schweizer Mathematiker

Der vorgelegte Beweis entspricht auch nicht dem Schema der vollständigen Induktion. Zwar wurde der Induktionsanfang korrekt nachgewiesen, aber statt eines Induktionsschritts wurden lediglich Indizien für die Gültigkeit der Behauptung geliefert.

A18 Auch dieser Beweis entspricht nicht dem Schema der vollständigen Induktion. Diesmal wurde der Induktionsanfang nicht bewiesen. Und natürlich kann er auch nicht bewiesen werden.

In der vorhergehenden und den nachfolgenden Aufgaben finden wir eine Illustration dafür, dass die beiden Bestandteile der vollständigen Induktion, also Induktionsanfang und Induktionsschritt, gleichermaßen unverzichtbar für die vollständige Induktion sind. Damit ist nicht gesagt, dass beide Beweisteile von gleichem Schwierigkeitsgrad sind; in aller Regel ist der Induktionsanfang relativ leicht zu beweisen, was für den Induktionsschritt nicht unbedingt gilt.

A19 Ein Induktionsanfang ist bewiesen – für $n = 1$. Der Induktionsschritt aber setzt in seiner Beweisführung voraus, dass $n > 1$. In der Tat, für $n = 1$ hätte man beim Induktionsschritt eine Menge der Art {Katze Nr. 1, Katze Nr. 2} zu betrachten. Dann aber haben die echten Teilmengen kein gemeinsames Element, denn jede besteht ja nur aus jeweils einer Katze, die Argumentation aus der „Beweis"führung setzt aber gerade dies voraus.

Offensichtlich ist es nicht ausreichend, einen Induktionsanfang und einen Induktionsschritt zu beweisen, die beiden müssen auch zueinander passen!

A20 Dies ist ganz offensichtlich nur eine Variation der vorhergehenden Aufgabe. Hier wurde der Induktionsanfang für $n = 0$ bewiesen, der Beweisgang im Induktionsschritt setzt aber ausdrücklich voraus, dass $n > 0$. Es handelt sich also gerade um eine nicht lückenlose vollständige Induktion; eine solche aber hat keinerlei Beweiskraft. Ganz anders sähe es aus, wenn man zeigen könnte, dass $1 \in M$. Hier aber gibt es berechtigte Zweifel, ob dies gelingt. Letztlich wäre $1 \in M$ genau dann, wenn zwei beliebige natürliche Zahlen gleich sind!

A21 Haben Sie irgendwo einen Induktionsanfang gesehen? Nein, denn dieser wurde geflissentlich übergangen. Und tatsächlich ist die aufgestellte Behauptung falsch, für $n = 0$ und $n = 1$ gilt sie nicht. Wenn man jedoch präzise formuliert (für alle $n > 1$ ist stets $2^n > 2n + 1$) und für $n = 2$ den Induktionsanfang beweist, so kann der angeführte Induktionsschritt durchaus noch Teil einer korrekten vollständigen Induktion werden.

A22 Siehe die Anmerkungen zum Katzen"trick".

A23 Der Widerspruch, der aus $\left(\frac{x}{z}\right)^n + \left(\frac{y}{z}\right)^n = \left(\frac{x}{z}\right)^2 + \left(\frac{y}{z}\right)^2$ abgeleitet wurde, besagt nur, dass es keine Lösung des Großen Satzes von Fermat gibt, die zugleich auch Lösung von (2), also $x^2 + y^2 = z^2$, ist. Denn durch die Verwendung derselben Variablen x, y und z und die Gleichsetzung von (3) und (4) haben wir unterstellt, dass (1) und (2) dieselbe Lösung haben müssen. Das ist aber nicht die zu beweisende Behauptung.

A24 Ein wirklich einfacher Beweis, vor allen Dingen ist er aber einfach falsch. In diesem Fall handelt es sich um einen logischen Fehler. Man vergleiche die beiden Implikationen:

Zur Implikation siehe auch Abschnitt 1.3.

1. Wenn die Bedingungen a) und b) erfüllt sind, so gilt Gleichung (2)

2. Nur wenn die Bedingungen a) und b) zutreffen, so gilt die Gleichung (2).

Diese beiden Behauptungen sind nicht gleichwertig, sie haben ganz unterschiedliche Wahrheitsbedingungen! Die Implikation (i) ist nichts anderes als der Satz des Pythagoras, für diesen gibt es Hunderte von Beweisen. Nicht so für (ii), aber gerade diese Implikation haben wir verwendet.

Am Rande sei angemerkt, dass aus (ii) elementar folgt: Gilt a) nicht, so ist (2) nicht erfüllt. Dies aber ist im Wesentlichen die Behauptung des Großen Satzes von Fermat.

A25 Die Addition der Gleichungen (1) und (2) setzt voraus, dass es Tripel (x, y, z) gibt, welche beide Gleichungen erfüllen, also Lösungen dieses Gleichungssystems darstellen. Mit anderen Worten, wir behandeln (1) und (2) als Bestimmungsgleichungen, nicht als Funktionsgleichungen. Dann aber setzt man voraus, dass sich die beiden Ebenen schneiden. In diesem Fall, so zeigt die Rechnung, ist $d = 0$, d. h., beide Ebenen gehen durch den Koordinatenursprung. Statt der formulierten allgemeinen Behauptung wurde also nur bewiesen: Wenn zwei Ebenen symmetrisch zum Koordinatenursprung liegen und einander schneiden, so gehen sie durch den Koordinatenursprung.

A26 Der „springende Punkt" in der Beweisführung ist der Satz: „Da aber $\overline{AD} = \overline{AB} + \overline{BD}$, so ist $|AD|^2 - |BD|^2 = |AB|^2$." Dieser ist durch kein mathematisches Gesetz gerechtfertigt, mehr noch, er ist schlicht falsch. Aus $\overline{AD} = \overline{AB} + \overline{BD}$ folgt wohl $|AD| - |BD| = |AB|$, nicht aber $|AD|^2 - |BD|^2 = |AB|^2$.

A27 Auch hier wurde „kurzschlüssig" (aber nicht schlüssig!) argumentiert. Aus $\sphericalangle BAC > \sphericalangle ABC + \sphericalangle BCA$ kann man nicht schließen, dass $\sin\sphericalangle BAC > \sin\sphericalangle ABC + \sin\sphericalangle BCA$, also ist auch die Behauptung, dass $a > b + c$ unbegründet.

A28 Natürlich hat sich der Grenzposten blenden lassen. Der Schluss ist nicht korrekt. Ein einfaches Gegenbeispiel zeigt dies: Wenn wir den Schluss betrachten,

Eine natürliche Zahl kann durch 2 teilbar sein.
Eine ungerade Zahl kann nicht durch 2 teilbar sein.
Also ist eine ungerade Zahl keine natürliche Zahl.

so sehen wir, dass beide Prämissen wahr sind und die Konklusion falsch. Da das Schlussbeispiel zum ursprünglichen strukturgleich ist, so kann das zugrunde liegende Schlussschema nicht korrekt sein.

Worin liegt aber die Verführung des ursprünglichen Beispiels? Betrachten wir dazu ein ähnliches:

Ein Pferd hat einen Schwanz.
Eine Spinne hat keinen Schwanz.
Also ist eine Spinne kein Pferd.

Dieser Schluss ist absolut korrekt. Er ist aber den beiden vorhergehenden nicht strukturgleich.

Offensichtlich lässt man sich gelegentlich verführen, „kann braun sein" wie eine Eigenschaft des Pferds aufzufassen (etwa die, einen Schwanz zu haben). Tatsächlich ist aber „kann braun sein" eine Charakteristik der Klasse der Pferde, etwa im Sinne der Aussage „Unter den Pferden (insgesamt) gibt es auch braune". Wer behaupten wollte, dass jedes einzelne Pferd braun sein kann, müsste mit entschiedenem Widerspruch rechnen.

A29 Keiner der drei hatte gesprochen, aber wir haben es ja auch mit Weisen zu tun. Die Überlegungen des klügsten von ihnen, nennen wir ihn *C*, waren nun folgende:

Angenommen, meine Stirn ist nicht beschmiert. Das könnte jeder der beiden anderen sehen, mehr noch, dann würde jeder von ihnen begreifen, dass sie jeweils über den anderen lachen. (So könnte zum Beispiel *B* überlegen, dass, wenn auch seine Stirn sauber wäre, *A* gar keinen Grund zum Lachen hätte.) Da dies nicht geschieht, kann es also nicht sein, dass meine (*C*'s) Stirn sauber ist.

Noch eine andere Überlegung soll hier eingefügt werden. Wäre die Rede von zwei statt drei Weisen gewesen, so hätten wir eine ganz elementare Aufgabe vorliegen Gut, es wäre den beiden schwer gefallen, im Kreis zu sitzen. Aber die Überlegung ist trivial: Jeder kann nur über den anderen lachen, also kommt jeder zu der Einsicht, dass seine Stirn beschmiert ist. Wenn nun in der ursprünglichen Aufgabe drei Weise betroffen sind, so reduziert der klügste von ihnen mit der Annahme, dass seine Stirn nicht beschmiert ist, die Aufgabe auf eine Zwei-Personen-Aufgabe. Die aber wäre elementar lösbar ...

Meinen Sie jetzt nicht auch, dass diese Aufgabe ebenso hätte gelöst werden können, wenn es vier, fünf oder mehr Weise betroffen hätte? Wir müssen nur voraussetzen, dass sich jeder Weise rational verhält (lacht, wenn er wenigstens einen mit beschmierter Stirn sieht, aber nur dann lacht, wenn er zugleich glaubt, dass seine Stirn nicht beschmiert ist).

A30 Die Überlegungen sind ganz analog zur vorhergehenden Aufgabe. Damit ist dann auch klar, dass, gleich wie der Wanderer die Hüte verteilt, die Weisen stets die Farbe ihres Hutes erschließen können.

A	W	W	W	S	S	S	S
B	W	S	S	W	S	S	W
C	S	W	S	W	W	S	S
	a	*b*	*c*	*d*	*e*	*f*	*g*

A31 Es gibt nur sieben Möglichkeiten (*a* – *g*), wie die Bänder verteilt sein können. Mit A, *B* und *C* sollen die Weisen benannt sein, in der Reihenfolge, in der sie aufgestellt wurden. Die Möglichkeit *a* entfällt sofort, denn in diesem Fall könnte *C* schließen, dass sein Band schwarz sein muss. Auch die Fälle *b* und *c* kann man dann ausschließen. Da *C* keine Aussage machen konnte, könnte *B* darauf schließen, dass sein Band nicht weiß sein kann, er könnte also antworten. Dies geschieht jedoch nicht, also kann *A* schlussfolgern, dass er ein schwarzes Band auf dem Rücken hat. Wie die anderen Bänder verteilt sind, kann er jedoch nicht sagen.

A32 Es sind drei weiße Kugeln, denn die schwarzen Kugeln haben die beiden anderen Weisen bereits entnommen.

A33 Die Lösung von Lewis Carroll:
Obwohl das Gesetz streng war,
der König umging es:
Wer ein Schlaukopf ist, kann ein Gesetz geschickt
mit einem Kniff umgehen.
Sieben Sehende und fünf Blinde
zählte der König zweimal ab.
Seinen Gedankenweg beliebte der Kauz
so zu erklären:

„Der, der auf beiden Augen blind ist,
ist natürlich auch auf einem Auge blind.
Der, der mit beiden Augen sehen kann,
kann auch mit einem Auge sehen."
Weiter ist alles auch ohne Worte klar:
Nur sechzehn Weise
bleiben am Hofe,
um die Staatskasse zu schröpfen.

Eine Anmerkung scheint angebracht. Man tendiert gelegentlich dazu Ausdrücke, wie z. B., „die auf einem Auge sehen können" so zu interpretieren wie „die nur auf einem Auge sehen können". Dann ergibt sich eine ganz andere Lösung. Zu beachten ist jedoch, dass in diesem Fall nichts eine solche Interpretation rechtfertigt.

A34 Die Lösung ist verblüffend einfach: Man ordne die Geldbörsen auf dem Tisch in einer Folge an, entnehme dann aus der ersten ein Goldstück, aus der zweiten zwei Goldstücke usw. Diese Stücke (insgesamt 55) werden dann gemeinsam gewogen. Wären alle Goldstücke echt, so müssten sie gemeinsam 550 Gramm wiegen. Tatsächlich wiegen sie jedoch mehr. Die Differenz in Gramm zeigt, wie viel gefälschte Goldstücke auf der Waage sind, sie ist zugleich die Nummer der Geldbörse, die die gefälschten Goldstücke enthält.

A35 Zunächst einmal sei festgestellt, dass die Behauptung von Anton, dass ein Bedingungssatz seiner Kontraposition äquivalent sei, zweifellos wahr ist. Dazu genügt es, die Wahrheitsfunktionen für $A \rightarrow B$ und $\neg B \rightarrow \neg A$ zu vergleichen. Seine Argumentation ist jedoch nicht korrekt, sie ist nicht einmal angemessen. Zunächst sei gezeigt, dass die Argumentation nicht korrekt ist.

B	$\neg B$	$\neg B \rightarrow B$	B
W	F	W	W
F	W	F	F

Dass unter den von ihm gemachten Annahmen $\neg B \rightarrow B$ wahr sein müsse, ist zutreffend. Nicht zutreffend ist jedoch, dass dies nicht sein könne. Der Ausdruck $\neg B \rightarrow B$ kann sehr wohl war sein, mehr noch, er ist dem Satz B äquivalent (man vergleiche die Wahrheitsfunktionen). Damit scheitert nun sein (indirekter) Beweis. Dass die Argumentation unvollständig und damit nicht angemessen ist, kann man auch leicht einsehen. Behauptet wurde die Äquivalenz von $A \rightarrow B$ und $\neg B \rightarrow \neg A$, argumentiert (wenn auch unglücklich) wurde nur dafür, dass $\neg B \rightarrow \neg A$ aus $A \rightarrow B$ folgt.

Auch der Beweis von Bertram ist nicht korrekt, er kann es auch nicht sein, denn schon seine Behauptung, dass, wenn $A \rightarrow B$ wahr ist, auch $B \rightarrow A$ wahr sein müsse, ist falsch. Der Fehler liegt, darin, dass er meint, $A \rightarrow \neg A$ könne nicht wahr sein. Dieser Ausdruck kann sehr wohl wahr sein; er ist es genau dann, wenn A falsch ist, und ist somit dem Ausdruck $\neg A$ äquivalent.

Die letzte Frage kann nun aber positiv entschieden werden, die Struktur beider Argumentationen ist gleich, sieht man davon ab, dass sie unterschiedliche Ausdrücke fälschlich für widersprüchlich erklären.

A36 Auch hier wurde gemogelt. Sicher folgt die Aussage B aus der Aussage A. Sicher ist auch, dass, wenn man B behauptet, man etwas Wahres sagt, also C wahr ist. Die Folgebeziehung ist aber etwas anders definiert. Wenn die Wahrheit von B die Wahrheit von C garantiert, so sprechen wir davon, dass C aus B folgt. Hier aber ist es erst die *Behauptung* von B, die C wahr macht. Statt des Kettenschlusses, auf den in der Aufgabe verwiesen wird, haben wir hier einen Schluss der Art:

$$\begin{array}{l} A \rightarrow B \\ B_1 \rightarrow C \\ \hline A \rightarrow C \end{array},$$

der definitiv nicht korrekt ist.

Eine andere Variante, diesen Schluss zu widerlegen, ergibt sich, wenn man darauf verweist, dass C („Ich spreche die Wahrheit.") keine vollständige Aussage ist, sondern eine unvollständige; sie nimmt stets Bezug auf einen geäußerten Satz, etwa C_B (wenn ich B äußere, so spreche ich die Wahrheit) oder C_A (wenn ich A äußere, so spreche ich die Wahrheit). Das sind verschiedene Sätze, so dass wir in diesem Fall statt des gewünschten Kettenschlusses das Schema

$$\frac{\begin{array}{l} A \rightarrow B \\ B \rightarrow C_B \end{array}}{A \rightarrow C_A}$$

vorliegen haben. Auch dieses lässt sich nicht formal (strukturell) rechtfertigen.

A37 Der Prophet antwortete: „Ich sterbe drei Tage vor Eurem Tod."

Verständlich, dass der König, der die Worte des Propheten nach dem Tod seiner Geliebten besonders ernst nahm, nun um dessen Leben besorgt war.

A38 Der Wahrsager führte darüber Buch, wer sich wann an ihn gewandt hatte. Er notierte das Datum und die Namen der künftigen Eltern, dazu notierte er das Geschlecht des erwarteten Kindes. Beim letzten Punkt ging er jedoch sehr clever vor: Hatte er einen Sohn prophezeit, so notierte er „Tochter", hatte er eine Tochter vorhergesagt, so notierte er „Sohn". Und seine Rechnung ging auf: In den Fällen, wo sich seine Prophezeiung erfüllte, priesen die Eltern seine ungewöhnlichen Fähigkeiten und mehrten seinen Ruhm. In den Fällen, wo seine Auskunft falsch war, konnte er den erzürnten Eltern, die vielleicht sogar ihr Geld zurück verlangten, anhand seines Buches „nachweisen", dass sie ihn wohl falsch verstanden hatten, seine Vorhersage aber richtig gewesen sei. Die so entmutigten Eltern vermieden jedes weitere Aufsehen.

Die Moral aus diesem Beispiel liegt auf der Hand: Lassen Sie sich alle Wahrsagungen schriftlich geben!

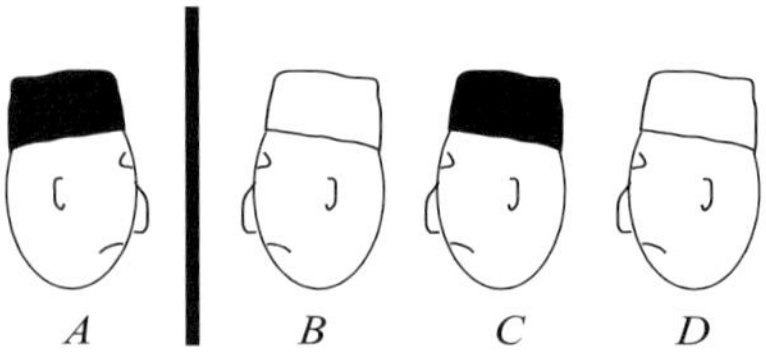

A39 *C* sagt, dass er eine schwarze Kappe hat.

D schweigt, denn er kann nicht sagen, welche Farbe seine Kappe hat, sie könnte schwarz oder auch weiß sein. Da er also schweigt, kann *C*, der die weiße Kappe seines Vordermanns sieht, schließen, dass seine Kappe schwarz sein muss.

Die Aufgabe ist bei jeder Verteilung der Kappen zu lösen. Die entscheidende Frage ist, ob *B* und *C* Kappen gleicher Farbe tragen. Wenn dies so ist, so kann *D* auf die Farbe seiner Kappe schließen. Wenn aber *D* schweigt, so weiß *C*, dass seine Kappe eine andere Farbe hat als die seines Vordermannes.

Wie man sieht, spielen *A* und *B* bei diesem Spiel eine Statistenrolle. Damit ist auch klar, das es überhaupt keine Rolle spielt, ob die Tür offengelassen wird oder nicht.

A40 Obwohl das sehr unwahrscheinlich klingt, hatte der Alte Recht. Als er geboren wurde, war sein Bruder schon 140–92, d. h. 48 Jahre tot. Wenn der Bruder also geboren wurde (und kurz darauf starb), als der Vater 18 Jahre alt war, der Alte mit 66 Jahren noch einen Sohn bekam, so ist alles korrekt. Allenfalls muss man vermuten, dass der Vater ein zweites Mal heiratete, der Bruder also in Wirklichkeit ein Halbbruder war.

A41 Das Problem stellt sich in der beschriebenen Form aber nur dann, wenn man unterstellt, dass der Pensionär als Wechselgeld stets nicht 90 Cent in derselben Währung erhielt, mit der er bezahlt hatte, sondern einen Dollar der jeweils anderen Währung. Sobald er nämlich gezwungen gewesen wäre, die 90 Cent in einen Dollar der Nachbarwährung zu tauschen, hätte er rasch festgestellt, dass von seinem Geld (wegen der anfallenden Tauschgebühren) nichts mehr übrig bleibt, es hätte schon bald nicht einmal für ein Bier gereicht.

Unterstellen wir jedoch eine Situation wie in der Aufgabe beschrieben, so ist klar, dass die Staatsbanken der jeweiligen Länder das Bier bezahlen. Könnte der Pensionär, ohne Bier zu trinken, sein Geld gebührenfrei tauschen, so erhielte er für einen Dollar zunächst 1,11 Dollar der Nachbarwährung. Geht er nun über die Grenze und tauscht dort, so erhält er schon 1,23 Dollar usw. Bei jedem Tausch erhöht sich der Nominalbetrag um neun Zehntel. Glänzende Aussichten …

Passionierte Biertrinker seien aber gewarnt: Weder Bolwanien noch Humbenien gibt es, und in den benachbarten Ländern, die Sie auf der Landkarte finden, gibt es keine mit solchen Wechselkursen.

A42 Hier haben wir es mit einer auffälligen, aber nicht unbedingt seltenen Form des nicht korrekten Gebrauchs der Sprache zu tun.

Versteht man die Frage wortwörtlich, dann wäre eine korrekte Antwort (falls es keinerlei Anhaltspunkte zur Person des Verhüllten gibt): „Ich kann es nicht sagen". Setzt man nun den Dialog fort, so kann es nur heißen: „Also kannst du nicht sagen, dass es dein Vater ist, der verhüllt wurde."

Ein anderes Beispiel: „Glaubst du, dass dein Nachbar ein ehrenwerter Mann ist?" „Ich habe keinen Grund, das nicht zu glauben." „Aber er ist mehrfach wegen Betrugs rechtskräftig verurteilt worden, also hältst du einen verurteilten Betrüger für einen ehrenwerten Mann."

Wir haben es hier mit einem Phänomen zu tun, das heute mit der Unterscheidung von extensionalen und intensionalen Kontexten beschrieben werden kann. In einem extensionalen Kontext kann man die Namen für Objekte, wenn sie nur dasselbe Objekt bezeichnen (extensionsgleich sind), durcheinander ersetzen, ohne dass sich der Wahrheitswert der Aussage ändert. Viele Kontexte sind von dieser Art, insbesondere gilt dies aber für mathematische Kontexte. Die Sätze

> *Die Lösungen der Gleichung* $x^2 - 10x + 16$ *sind gerade Zahlen.*
> und *2 und 8 sind gerade Zahlen.*

haben stets denselben Wahrheitswert. Setzt man dagegen vor beide Sätze *ich weiß, dass …*, so können widerspruchsfrei verschiedene Wahrheitswerte zugeordnet werden. Solche Kontexte, für die nicht nur wesentlich ist, welches Objekt durch einen Namensausdruck bezeichnet wird, sondern auch, wie auf dieses Objekt verwiesen wird (der Verhüllte – dein Vater; dein Nachbar – ein verurteilter Betrüger, ...), heißen intensional. Einer der ersten, der auf den Unterschied zwischen Bezeichnetem und Bezeichnungsweise verwiesen hat, war Frege.

Gottlob Frege (1848–1925) deutscher Mathematiker und Logiker

A43 Diese verzwickte Situation löst sich bei genauerer Analyse. Euathlos tritt hier zweifach auf: Als Anwalt und als Bürger, der vor Gericht steht. Klar ist, dass für ihn dann auch in anderer Hinsicht verschiedene Regeln gelten: Angeklagter und Anwalt haben unterschiedliche Funktionen und verschiedene Rechte und Pflichten im Gerichtsprozess. Die Abmachung mit Protagoras ist zwar ungenau formuliert, aber von der Sache her ist sie so zu verstehen, dass sie sich auf Euathlos in der Rolle eines Anwalts vor Gericht beziehen. Insofern haben beide, Euathlos wie auch Protagoras, unsauber argumentiert, sie beziehen sich jeweils für einen Fall der Argumentation auf die eine Rolle des Euathlos, für den anderen Fall auf die andere Rolle.

Die Abmachung und der Prozess haben nichts miteinander zu tun. Falls Euathlos in keinem Prozess als beauftragter Jurist auftritt, so entscheidet allein der Richter in dem Verfahren, wo es um den Streit zwischen dem Lehrer und seinem Schüler geht.

A44 Die Aufgabe wird dadurch unübersichtlich, dass in ihr gleich zwei voneinander unabhängige Teilaufgaben verbunden sind. Betrachten wir zunächst die Antworten von Else.

Da sie nur an einem Tag Geburtstag haben kann, muss eine ihrer Antworten der Wahrheit entsprechen. Also muss sie am 5. oder 6. April Geburtstag haben. Falls dies der 5. April wäre, so hätte sie am 7. April gelogen, also bleibt nur der 6. April übrig. Und für diesen treffen die Bedingungen der Aufgabe zu: Am 6. (ihrem Geburtstag) hat sie gelogen, am 7. die Wahrheit gesagt. Ganz analog ergibt sich, dass Martha am 7. April Geburtstag haben muss.

A45 Natürlich muss der Logiker eine Frage stellen, die auf die Gesprächssituation Bezug nimmt, sonst kann er nicht erwarten, dass W. zwei unterschiedliche Antworten gibt. Zudem muss die Frage so beschaffen sein, dass sie die (ursprüngliche) Gesprächssituation verändert. Eine solche Frage könnte sein: „Habe ich dich heute schon etwas gefragt?" Spannend bleibt jedoch die Erörterung des Problems, ob der Logiker zweimal dieselbe Frage gestellt hat. Dass die beiden Fragen gleichlautend waren, steht außer Zweifel. Sie nehmen jedoch stets auf die Situation Bezug, mehr noch, sie ändern diese (bis zur Beantwortung beginnt ein neuer Tag, dieselbe Frage, zum zweiten Mal gestellt, ist langweilig, eine Frage wurde beantwortet). Insofern gibt es gute Gründe, zu sagen, dass der Logiker zwei Mal eine gleichlautende (nicht dieselbe!) Frage gestellt hat.

Andere Varianten:
Ist heute Dienstag? (Am Montag kurz vor Mitternacht gestellt)
Langweile ich dich mit meinen Fragen?

Auch hier sind es eigentlich zwei Fragen, da die Person des Gefragten explizit in der Frage genannt wird. Eine Frage, die beide für ihre Person bejahen, ist, z. B.: „Sagst du immer die Wahrheit?" . Nun ahnt man schon, dass die Frage, auf die beide mit „Nein" antworten, lautet: „Bist du ein Lügner?"

A46 Es gibt insgesamt vier Möglichkeiten, wie Türen und Türwächter verteilt sein können. Diese kann man so beschreiben:

a) Die linke Tür führt zu einem Freispruch, der Türwächter ist ein Lügner.

b) Die linke Tür führt zu einem Freispruch, der Türwächter sagt stets die Wahrheit.

c) Die linke Tür führt zur Verurteilung, der Türwächter ist ein Lügner.

d) Die linke Tür führt zur Verurteilung, der Türwächter sagt stets die Wahrheit.

Fragt nun der Meinungsforscher den Türsteher an der linken Tür: „Wenn ich den anderen Türsteher nach dem Weg zum Freispruch frage, schickt er mich dann durch diese Tür?", so lautet die Antwort in den Fällen a) und b) „Nein", in den beiden anderen Fällen – „ja". Damit ist klar, dass der Meinungsforscher gegenteilig reagieren muss, d. h., eine andere Tür wählen, als die, auf die die Antwort verweist.

Der Trick, wie man eine verlässliche Auskunft erhält, besteht offensichtlich darin, dass man den Lügner zwingt, über die Antwort des Wahrheitsliebenden zu reden, den Wahrheitsliebenden veranlasst man, über die Antwort des Lügners zu reden. Damit erhält man in jedem Fall eine Antwort, die falsch ist, aber sie ist verlässlich falsch – egal, welchen der beiden man fragt.

Es gibt noch eine andere Frage, die das Problem löst, doch dazu in der Lösung zur folgenden Aufgabe.

A47 Wieder gibt es vier Fälle, die ähnlich beschrieben werden können. Da aber nur eine Person zu befragen ist, kann die Frage nicht auf eine andere Person bezogen werden. Also muss man den Lügner zwingen, über seine eigene Antwort auf eine „direkte" Frage zu berichten.

Fragt Ilja Muromez den Wanderer „Wenn ich dich nach dem Weg frage, auf dem ich am Leben bleibe, schickst du mich dann nach links?", so sollte er der Antwort vertrauen. Fragt er einen stets die Wahrheit sagenden Wanderer, so ist dies offensichtlich. Gerät er dagegen an einen Lügner, und sagt dieser „Ja", so heißt das, dass er auf die Frage „Ist der linke Weg, derjenige, der mein Überleben sichert" verneinen würde. Da er aber lügt, sollte man genau diesen Weg wählen.

Falls Sie mit dieser Lösung noch Probleme haben, so sollten Sie sich vergegenwärtigen, dass eine ähnlich konstruierte Frage auch für die vorhergehende Aufgabe eine verlässliche Antwort liefert. Dies kann man durch eine Diskussion der vier denkbaren Fälle leicht einsehen.

A48 Der Logiker fragt zweimal hintereinander einen Inselbewohner, ob er abwechselnd die Wahrheit und die Unwahrheit spricht. Lautet die Antwort „Nein", so kann vor ihm nur ein Wahrheitsliebender stehen, lautet die Antwort „Ja", so kann es nur ein Lügner sein, den er gefragt hat. Fallen die Antworten auf beide Fragen unterschiedlich aus, so hat er einen Vertreter des dritten Stammes gefragt.

A49 Betrachten wir zunächst ihre jeweils drei Aussagen über die anderen drei. Klar ist, dass Schielauge und Bart nicht beide aus W kommen können. Denn ihre Auskünfte über die drei anderen widersprechen sich. Wenn einer von ihnen aus W, der andere aus H käme, so müssten wenigstens die erste und die dritte (falls der Bewohner von H mit einer Wahrheit beginnt), oder aber die zweite Auskunft über die anderen übereinstimmen. Da dies nicht zutrifft, kann man auch diesen Fall ausschließen. Aus ähnlichen Gründen kann man auch ausschließen. dass einer der beiden aus H, der andere aus U ist. Somit ist klar, dass Schielauge und Bart beide aus Unwahrheit sind. Dann sind aber alle ihre Auskünfte falsch, somit ist Stupsnase aus Halbwahrheit, Pausbacke ebenfalls aus Unwahrheit und Langohr aus Wahrheit.

A50 Es gibt mehr Beispiele dieser Art, als man gewöhnlich erwartet. Und nicht immer kommen sie so offensichtlich verunglückt daher wie die folgenden Beispiele. *Bevor du anfängst, solltest du erst einmal beginnen. Vor dem Nachdenken sollte man erst einmal überlegen! Essen oder trinken Sie nie auf nüchternen Magen! Befolgen Sie keine Befehle!*

Warum antwortest du auf jede Frage mit einer Gegenfrage? Nun, warum sollte ich nicht?
JÜDISCHE FOLKLORE

Für einige dieser Beispiele lassen sich, ähnlich wie im Fall mit den Betriebsausweisen, Reparaturstrategien angeben. Im Fall des missglückten Ratschlags könnte man etwa formulieren:

Ich würde auf keinen Ratschlag einer anderen Person hören. So hätte der Beratene einen Hinweis erhalten, der kein Ratschlag ist, aus dem er aber zu dem Entschluss kommen kann, keine Ratschläge anderer zu befolgen.

A51 Vielleicht liegt es ja an dieser Aufgabe, dass es heute keine Barbiere mehr gibt. Das Problem, die Auflagen zu erfüllen, entsteht in dem Moment, wo der Barbier zu entscheiden hat, wer ihn selbst rasiert. Rasiert er sich nicht selbst, so muss er sich rasieren (so der erste Teil der Auflage), rasiert er sich selbst, so darf er sich nicht rasieren (denn er darf nur die rasieren, die sich nicht selbst rasieren).

Was also ist zu tun? Wenn die Genehmigung an Person und Aufenthaltsort gebunden ist, so befindet sich der Barbier in einer Situation, um die man ihn nicht beneiden sollte. Falls nicht, so könnte der Barbier seinen Wohnsitz im Nachbardorf nehmen. Er wäre dann nicht mehr Einwohner des Ortes und die Auflagen würden ihn als Person nicht einbeziehen. Natürlich könnte er auch die Barbierlizenz seiner Frau oder seiner Freundin übertragen. Aus heutiger Sicht gäbe es noch die Möglichkeit, dass er sich einer Hormonbehandlung unterzieht ... In jedem Fall aber gibt es eine Auflösung des Dilemmas nur, wenn sich der Barbier aus der Menge derjenigen, von denen in den Auflagen die Rede ist, herausnehmen kann.

Vergleiche auch die anschauliche Darstellung der Summe in Aufgabe 43, Kapitel 2.

A52 Wo liegt hier das Problem? Man weiß doch, dass die Reihe $\frac{1}{2}, \frac{1}{4}, \frac{1}{8}, \ldots, \frac{1}{2^n}, \ldots$ konvergent ist, die Summe wurde bereits im zweiten Kapitel in Aufgabe A42 bestimmt, sie ist 1.

Ist also Zenon nur ein grandioser Irrtum unterlaufen? Sicher nicht, denn Zenons Argumentation erzeugt nicht etwa deshalb Unbehagen, weil sie absurd und somit falsch ist. Vielmehr trifft er einige unserer festen Überzeugungen, etwa die, dass unsere (Lebens-)Zeit endlich ist, dass man für das Durchlaufen einer endlichen Strecke eine endliche Zeit benötigt, und dass man für unendlich viele Strecken somit unendlich viele endliche Zeitintervalle benötigt. Diese Überzeugungen sind aus unserer Erfahrung abgeleitet, etwa der, dass, je mehr man zu tun hat, dies um so länger dauert. Selbst wenn man unterstellt, dass die Zeit für die Erfüllung einer einzelnen Aufgabe immer kürzer wird, so verlängert sich doch der Gesamtzeitraum, den man benötigt. Und Aufgaben sind immer als Einheiten anzusehen. Bei Zenons Aporie haben wir es mit zwei Phänomenen zu tun: Einmal ist die Einteilung der Strecke willkürlich gewählt, hätte Zenon die Gesamtstrecke in zehn gleiche Abschnitte unterteilt, so wäre seine Argumentation nicht aufrecht zu erhalten gewesen. (Ist dies nicht die Situation, an der wir unbewusst unsere Analyse von Zenons Problem messen?) So aber hat man es mit immer kleiner werdenden Abschnitten zu tun, für diese gilt dann offensichtlich die alltägliche Vorstellung nicht mehr. Kann man eine solche Einteilung vornehmen? Theoretisch ja, praktisch nicht. Praktisch kann man sich einer solchen Einteilung nur annähern, aber auch hier nur in endlich vielen und endlich kleinen Teilabschnitten. Und hierfür gelten wieder die gemachten Erfahrungen, man benötigt eine endliche Zeit. Kleinste Teilchen, kleinste, nicht weiter teilbare Strecken, kleinste, nicht weiter teilbare Zeitabschnitte – dies sind die idealen „Zutaten" für eine diskrete Welt, in der alles in elementaren Schritten abläuft. Bewegung aber ist ein kontinuierlicher Prozess, der sich nur bedingt in Schritte unterteilen lässt. Keiner dieser Schritte ist klein genug, den kontinuierlichen Ablauf präzise zu beschreiben. Man muss einfach eingestehen, dass die aus diskreten Schritten konstruierte Anschauung hier versagt, dass sie solche Prozesse nicht adäquat wiedergeben kann.

Ein weiterer Aspekt dieses Problems ist die bereits beschriebene Schwierigkeit im Umgang mit der Unendlichkeit (s. Abschnitt 3 des 2. Kapitels). Hier tritt diese gleich zweifach auf: unendlich klein werdende Teileinheiten in unendlicher Anzahl. Auch hier versagt unsere unmittelbare Anschauung. Wir verlassen uns daher auf bestimmte Theorien, im konkreten Fall die der konvergierenden Reihen, und lösen mit deren Hilfe das Problem, so wie eingangs beschrieben. Dass diese trotz ungenügender Anschaulichkeit nicht unbegründet ist, dafür gibt es genügend Indizien. Die moderne Physik greift auch auf diesen Teil der Mathematik zurück und beschreibt kontinuierliche Prozesse adäquat, d.h., sie liefert Erklärungen für solche Prozesse und trifft verlässliche Voraussagen über diese.

Hermann Weyl (1885–1955) deutscher Mathematiker

Es ist sicher nicht unwichtig zu wissen, dass auch so berühmte Mathematiker wie Hermann Weyl sich dieser, Dichotomie genannten, Aporie annahmen. Er führte ein analoges Beispiel an, bei dem ein Computer Operationen (z. B. das Aufzählen einer natürlichen Zahl) in stets sich halbierenden Zeitabschnitten durchführt. Wenn er für die erste Operation eine halbe, für die zweite eine viertel Minute usw. benötigt, so hat er in einer Minute die Gesamtheit der natürlichen Zahlen durchgezählt.

Zenons Problem (oder seine Aporie) resultiert aus dem (unangemessenen) Versuch, ein Phänomen mit nicht passenden Mitteln zu erklären, die zum Problem passenden Mittel aber entziehen sich der unmittelbaren Anschaulichkeit und der unmittelbaren Erfahrung.

A53 Diese Anmerkungen treffen auch auf den „ruhenden" fliegenden Pfeil zu. Hier ist noch deutlicher eine atomare Struktur des Raumes und der Zeit vorausgesetzt. Die auftretenden Ungereimtheiten, die Ratlosigkeit angesichts der Argumentation Zenons zeigen mit ebensolcher Deutlichkeit, dass Bewegung (als Phänomen und als Begriff) nicht diskret gefasst werden sollte. Am Rande nur sei vermerkt, dass die Mathematik erst mehr als zwei Jahrtausende später hinreichend fundierte Begriffe und Theorien für solche Prozesse bereitstellt.

Dirk J. Struik (1894–2000) niederländischer Mathematikhistoriker

A54 Hier treffen die gerade angeführten Überlegungen ebenso zu. Man sollte sich aber davor hüten, Zenon als veraltet und nur noch historisch interessant abzutun, sein bleibendes Verdienst besteht auch darin, Probleme aufgezeigt zu haben, die alles andere als trivial sind. Die Faszination, die von seinen Überlegungen ausgeht, hält bis heute an. D. J. Struik bemerkte dazu, dass Zenons Aporien eine Sensation waren, deren Überreste noch heute zu beobachten sind.

A55 Das hier beschriebene Paradoxon ist auch als Haufenparadoxon bekannt. Sobald man sich darauf einlässt, dass „Haufen" ein scharf umrissener Begriff ist, so dass sich für jede Anzahl von Objekten genau sagen lässt, ob diese einen Haufen bilden oder nicht, hat man schon verloren. Oder man gibt das Induktionsprinzip auf. Gerade das Zusammenspiel dieser beiden Grundsätze erzeugte aber die beschriebene Ungereimtheit. Im Allgemeinen konstatiert man nun, dass der Begriff „Haufen" gerade nicht scharf umrissen ist. Das stellt ein fundamentales Prinzip der Logik in Frage: Nach dem Zweiwertigkeitsprinzip kommt jeder Aussage genau einer der beiden Werte „wahr" oder „falsch" zu. Heute stellt die Logik Mittel bereit, die auch mit solchen unscharfen Begriffen umzugehen. Die dafür geeignete Fuzzy-Logik hat einen Siegeszug in der Technik angetreten und liefert ein sehr gelungenes Beispiel dafür, dass aus einer akademischen Frage sehr fruchtbare technische Entwicklungen entspringen können. Das Haufenparadoxon hat viele Gestalten, man kann es auch anhand der Begriffe „junger Mann" oder „Kahlkopf" erläutern. Im letzten Fall sollten Sie aber darauf achten, dass Sie sich nicht in Gesellschaft eines Glatzenträgers befinden.

Fuzzy-Logik

Die bisher beschriebenen Paradoxa lassen sich noch ganz leidlich „wegerklären". Für die folgenden Beispiele aber gilt dies nicht mehr; sie sind es, die die eigentlichen logischen Katastrophen ausmachen.

A56 Die ursprüngliche Form des Lügner-Paradoxons bei Epimenides ist noch relativ harmlos. Klar ist nur, dass dieser Satz unter keinen Umständen wahr sein kann. Denn wäre er wahr, so könnte Epimenides nicht Kreter sein, denn diese lügen ja. Wenn der Satz aber falsch ist, so wäre wenigstens einer der Kreter kein Lügner, was wohl sein kann. Aber stellen Sie sich nun vor, dass Epimenides der einzige Kreter ist. Dann wird es dramatisch, so wie bei der puristischen Form des Lügner-Paradoxons.

Der eingerahmte Satz ist falsch.

Wenn der eingerahmte Satz wahr ist, so muss er, so seine Behauptung, falsch sein. Wenn er aber falsch ist, so ist es nicht wahr, dass er falsch ist, also ist er wahr. Was nun?

Die wissenschaftliche Literatur zur Analyse des Lügner-Paradoxons hat einen erheblichen Umfang. Einig ist man sich darin, dass eine

Quelle des Paradoxons und seiner „Verwandten" in den nachfolgenden Aufgaben in der Selbstbezüglichkeit zu finden ist. Doch sollte man deshalb selbstbezügliche Sätze oder Selbstbezüglichkeit überhaupt verbieten? Es gibt zahlreiche Beispiele selbstbezüglicher Sätze, die völlig unproblematisch sind. Diese würden dann auch nicht mehr zulässig sein. Versuche, sich des Paradoxons zu entledigen, zielen heute meist darauf, dass man das Zweiwertigkeitsprinzip aufweicht und einräumt, dass es Sätze gibt, die keinen Wahrheitswert haben (so genannte Wahrheitswertlücken). Aber welche Sätze sind das? Ist ihr einziges Charakteristikum, dass sie in Paradoxa führen? Dann ist die Lösung ad hoc, also eigens für die problematischen Fälle konzipiert, und sie erklärt auch nicht, warum das Paradoxon in einigen Fällen auftritt, in anderen nicht. Zudem hat man nach Anwendung solcher Reparaturstrategien neue Formulierungen des Paradoxons gefunden, so dass es praktisch in verschärfter Form und durch die Hintertür wieder auftritt und nach erneuten Verbesserungen verlangt.

Dieser Satz ist kurz.
Dieser Satz ist wahr.

Dass Selbstbezüglichkeit nicht grundsätzlich verboten werden sollte, hat noch einen anderen substanziellen Grund. Einer der fundamentalsten Sätze der Logik, der so genannte Gödelsche Unvollständigkeitssatz, ist nicht nur für die Logik, sondern auch für das Verständnis der Mathematik von immenser Bedeutung. Sein Beweis beruht gerade auf der Verwendung eines selbstbezüglichen Ausdrucks vom Typ des Lügner-Paradoxons.

Kurt Gödel (1906–1978) österreichischer Mathematiker und Logiker

Paradoxa haben also nicht nur eine destruktive Funktion!

A57 Sicher erinnern Sie sich. Die Mächtigkeit einer Menge beschrieb die „Anzahl" ihrer Elemente: Für endliche Mengen – im unmittelbaren, anschaulichen Sinn von Anzahl, im unendlichen Fall hießen solche Mengen gleichmächtig, deren Elemente man eineindeutig einander zuordnen konnte. Und tatsächlich hatte Cantor gezeigt, dass die Menge aller Teilmengen einer Menge stets von größerer Mächtigkeit ist als die ursprüngliche Menge. Für diesen Nachweis benutzte er das so genannte zweite Diagonalverfahren,

Siehe dazu Abschnitt 2.3

Die Menge $\{a, b, c\}$ hat drei Elemente und $2^3 = 8$ Teilmengen, nämlich $\emptyset$, $\{a\}$, $\{b\}$, $\{c\}$, $\{a, b\}$, $\{a, c\}$, $\{b, c\}$, $\{a, b, c\}$

welches einen Beweis von großer Plausibilität und hinreichender Einfachheit liefert. Und gleichzeitig ergab sich ein nicht auflösbarer Widerspruch, denn es kann nicht sein, dass für die Menge aller Mengen A und die Menge aller ihrer Teilmengen A_1 gleichzeitig gilt: A_1 ist von geringerer oder gleicher Mächtigkeit wie die Menge A und A_1 ist von größerer Mächtigkeit als die Menge A. Dramatischer kann das Ergebnis einer mathematischen Betrachtung nicht ausfallen: Die Theorie ist widersprüchlich.

Nun konnte man noch einige Zeit die Illusion hegen, dass der Widerspruch etwa aus dem Begriff der Mächtigkeit resultiert, der für den endlichen Bereich absolut plausibel ist, für den unendlichen Bereich aber schon zu überraschenden Ergebnissen geführt hatte. Die Menge der natürlichen Zahlen ist eine echte Teilmenge der rationalen Zahlen und dieser doch gleichmächtig. Dass diese Illusion aber trügerisch war, zeigte wenige Jahre später Bertrand Russell (s. die Lösung der folgenden Aufgabe).

Siehe Aufgabe 41 in Kapitel 2

Trotz dieser dramatischen Konsequenz ist Georg Cantor (völlig zu Recht) ein Platz im mathematischen Olymp zuerkannt worden.

Aus dem Paradies, das uns Cantor geschaffen hat, wird uns niemand mehr vertreiben.
David Hilbert (1862–1943)
deutscher Mathematiker

A58 Russells Paradoxon der Menge aller derjenigen Mengen, die sich nicht selbst als Element enthalten, passte auf eine Postkarte, und, viel wichtiger, es hat die Fachwelt erschüttert! Führende Mathematiker waren gerade damit befasst, die Mathematik auf Grundlage der Mengenlehre von Cantor neu zu fundieren. Russell löste damit eine Grundlagenkrise der Mathematik aus, denn rasch war den Fachleuten klar geworden, dass es aus dieser Zwickmühle kein Entrinnen gibt. Einige von ihnen traf die Entdeckung so schwer, dass sie in eine tiefe persönliche und wissenschaftliche Krise gerieten.

Georg Cantor:
Eine Menge ist eine Zusammenfassung bestimmter, wohlunterschiedlicher Dinge unserer Anschauung oder unseres Denkens, welche Elemente der Menge genannt werden, zu einem Ganzen.

Erwarten auch Sie keine Lösung dieses Paradoxons! Es gibt sie nicht, man kann höchstens die Situation auflösen, die zu diesem Paradoxon geführt hatte. Man musste einsehen, dass Cantors Mengenlehre naiv war, allzu gutgläubig meinte dieser, dass sein Begriff der Menge unproblematisch sei und mit einigen wenigen Grundsätzen über

Mengen die ganze Mathematik tragen könne. Die Reaktion der Fachwelt bestand nun darin, dass man die Begriffe subtiler fasste bzw. das bis dahin uneingeschränkte Operieren mit Mengen unter strenge Bedingungen stellte. So entstanden neue (axiomatische) Mengentheorien, die von dem Russellschen und anderen bislang bekannten Paradoxa frei sind. Ihnen fehlt aber der Charme der Einfachheit der Begriffe und die elementare Plausibilität der Cantorschen Theorie.

Vergleiche Aufgabe 51

Im Jahr 1919 gab Russell noch eine andere Formulierung seines Paradoxons, die Sie schon kennen. Es handelte sich dabei um die Barbieraufgabe. Damit wies er zugleich nach, dass es zur Konstruktion seines Paradoxons nicht der Mengenlehre Cantors bedurft hätte, selbst in umgangssprachlichen Ausdrücken gelang es ihm, auf die Fallstricke gewisser Begriffsbildungen hinzuweisen. Mit völlig unzweideutigen Worten hatte er eine Eigenschaft beschrieben, die direkt ins Paradoxon führte.

A59 Semantische Beziehungen heißen die Beziehungen zwischen Bezeichnendem (sprachlicher Ausdruck) und Bezeichnetem. In dem Satz

Sacramento ist die Hauptstadt von Kalifornien.

bezeichnet *Kalifornien* den südlichsten an den Pazifik grenzenden Bundesstaat der USA. *Kalifornien* und *The Golden State* bezeichnen dasselbe Objekt. In dem Satz

„Kalifornien" hat elf Buchstaben.

ist dagegen das Bezeichnete nicht der Bundesstaat, sondern der Name des südlichsten an den Pazifik grenzenden Bundesstaats der USA.

Im Paradoxon von Richard ist nun das Bezeichnete eine Definition, die eine arithmetische Eigenschaft natürlicher Zahlen beschreibt, das Bezeichnende ist nach der getroffenen Festlegung wieder eine natürliche Zahl. Bei der Festlegung, was eine RICHARDsche Zahl ist, geht man nun über eine semantische Stufe hinweg, man fragt, ob eine Zahl die Eigenschaft hat, die durch den sprachlichen Ausdruck, den sie bezeichnet, beschrieben ist. Die Frage, ob nun n_r eine RICHARDsche Zahl ist, führt direkt ins Dilemma: Ist n_r eine solche, so hat sie nicht die Eigenschaft, die unter der Definition mit dieser Nummer beschrieben wird, ist also keine RICHARDsche Zahl. Nimmt man dagegen an, dass sie keine RICHARDsche Zahl sei, so trifft auf sie gerade die Charakteristik einer RICHARDsche Zahl zu. Es ist nur ein schwacher Trost, dass in der Mathematik die Eigenschaft, RICHARDsche Zahl zu sein, bisher keine Rolle spielt und dass auch nicht absehbar ist, wo dies der Fall sein sollte. Offensichtlich wurde hier eine Eigenschaft von Zahlen beschrieben, mit der wir nicht umgehen können, zumindest dann nicht, wenn diese auf sich selbst, also auf ihren zahlenmäßigen Ausdruck, bezogen sein soll.

A60 In der Tat führt die Frage, ob „heterologisch" selbst heterologisch ist, in Schwierigkeiten. Falls sie positiv entschieden wird, so wäre „heterologisch" autologisch, also nicht heterologisch. Beantwortet man die Frage dagegen negativ, ist „heterologisch" also nicht heterologisch, so hieße dies nach der Definition von „heterologisch", dass es sich um ein heterologisches Adjektiv handelt. Wie auch immer man sich entscheidet, es treten unauflösliche Widersprüche auf. Dass aber ein Adjektiv die von ihm selbst benannte Eigenschaft hat oder aber nicht hat, und dass genau einer der beiden Fälle zutreffen muss, scheint offensichtlich. Auch hier handelt es sich um ein semantisches Paradoxon, da eine Beziehung zwischen Bezeichnendem (Adjektiv) und Bezeichnetem (Eigenschaft) bei der Konstruktion wesentlich verwendet wird.

Mit Ausnahme des Paradoxons von Cantor haben die im letzten Abschnitt behandelten Paradoxa offensichtliche Gemeinsamkeiten: In ihnen wird stets ein Selbstbezug realisiert, die Negation spielt eine wesentliche Rolle *(die Menge aller der Mengen, die sich nicht selbst enthalten, beschreibt Eigenschaften, die nicht auf das Adjektiv selbst zutreffen, rasiert nur diejenigen, die sich nicht selbst rasieren* usw.).

Eine interessante Aufgabe von H. REICHENBACH zu semantischen Stufen ist die folgende:
Setzen Sie Zeichen so, dass die nachstehende Wortfolge einen sinnvollen Satz ergibt:
John where Jack had had had had had had had had had had had had had had had had a better effect to the teacher.

Die Lösung zu Reichenbachs Aufgabe:
John, where Jack had had 'had', had had 'had had', 'had had' had had a better effect to the teacher.

Siehe auch die Anmerkung zu Aufgabe 56

Dies sollte Anlass genug sein, in Fällen, wo diese beiden Komponenten zusammentreffen, äußert vorsichtig zu sein, es könnte sich ein Paradoxon ergeben. Es sollte aber keine Veranlassung bieten, Selbstbezug etwa ganz zu verbieten oder die Negation argwöhnisch zu betrachten. In beiden Fällen würden wir uns wichtiger Ausdrucksmittel berauben.

Und schließlich sei darauf verwiesen, dass Paradoxa nicht nur die Funktion von Warnzeichen in der Wissenschaft haben. Führt eine wissenschaftliche Theorie zu Widersprüchen oder Paradoxa, so bedarf sie einer Verbesserung bzw. Präzisierung der Begriffe und der sie hervorbringenden Konstruktionen, wie dies etwa in der Mengenlehre der Fall war.

Von Paradoxa geht auch eine Faszination als Herausforderung unserer intellektuellen Fähigkeiten aus, sie veranlassen Aufbrüche zu neuen Ufern, sie sind Katalysator im Prozess der intellektuellen Bemühungen um ein klareres und eindeutiger beschriebenes Bild der Welt – schon seit mehr als zwei Jahrtausenden.

Benutzte und empfehlenswerte Literatur

BACHMANN, P.: Das Fermatproblem in seiner bisherigen Entwicklung. – Berlin; Heidelberg; New York: Springer 1976 [Reprint der Ausgabe von 1919]

CARROLL, L.: Alice im Wunderland. Alice im Spiegelland. – Leipzig: Reclam 1983

CARROLL, L.; GARDNER, M.: Alles über Alice. – Hamburg: Europa Verlag 2002

EDWARDS H. M.: FERMAT'S LAST THEOREM – Berlin; Heidelberg; New York: Springer 1977

GARDNER, M.: Logik unterm Galgen. – 2. Aufl. – Braunschweig; Wiesbaden: Vieweg 1986

GARDNER, M.: Mathematische Rätsel und Probleme. – 6. Aufl. – Braunschweig; Wiesbaden: Vieweg 1986

GOTTWALD, S.; ILGAUDS, H.-J.; SCHLOTE, K.-H.: Lexikon bedeutender Mathematiker. - Leipzig: Bibliographisches Institut, 1990

HOFSTADTER, D. R.: Gödel, Escher, Bach. Ein endlos geflochtenes Band. – 17. Aufl. – Stuttgart: Klett-Cotta 2006

KANNETZKY, F.: paradoxes denken. Theoretische und praktische Irritationen des Denkens. - Paderborn: mentis, 2000.

KAPLAN, R.: Die Geschichte der Null. – 6. Aufl. – München: Piper 2003

KONFOROWITSCH, A.G.: Logischen Katastrophen auf der Spur. – 2. Aufl. – Leipzig: Fachbuchverlag 1992

LAKATOS, I.: Beweisen und Widerlegen. Die Logik der mathematischen Entdeckungen. – Braunschweig; Wiesbaden: Vieweg, 1979

LIETZMANN, W.: Wo steckt der Fehler? – 5. Aufl. – Leipzig: Teubner Verlag, 1969

LIETZMANN, W.: Der pythagoreische Lehrsatz, - Leipzig: Teubner 1968.

NAGEL, E.; NEWMAN, J. R.: Der Gödelsche Beweis. – 7. Aufl. – Wien; München: Oldenbourg 2003

PREUSS, W.; WENISCH, G.: Lehr- und Übungsbuch Mathematik Band 1: Grundlagen, Funktionen, Trigonometrie – 2. Aufl. – Leipzig: Fachbuchverlag, 2003, im Carl Hanser Verlag München Wien

SAINSBURY, R. M.: Paradoxien. – 2. Aufl. - Stuttgart: Reclam 2001

SAVIGNY, E. v.: Grundkurs im logischen Schließen. Übungen zum Selbststudium. – 3. Aufl. – Göttingen: Vandenhoek & Ruprecht 1993

SEIFE, CH.: Zwilling der Unendlichkeit. - Berlin: Berlin Verlag 2000

SINGH, S. Fermats letzter Satz. - München: dtv 2000

SMULLYAN, R. M.: Wie heißt dieses Buch? Braunschweig; Wiesbaden: Vieweg 1981

SMULLYAN, R. M.: Satan, Cantor und die Unendlichkeit. – Frankfurt: Insel Verlag 1997

SMULLYAN, R. M.: Logik-Ritter und andere Schurken. – Frankfurt/M.: Fischer TB-Verlag 1991

SOMINSKIJ, I.: Die Methode der vollständigen Induktion. – 10. Aufl. – Berlin: Dt. Verlag der Wissenschaften 1971

SOMINSKIJ, I.; GOLOVINA, L.; JAGLOM, I.: Die vollständige Induktion. – 2. Aufl. – Frankfurt/M.: Verlag Harri Deutsch 1991

STRUIK, D. J.:Abriß der Geschichte der Mathematik. – 7. Aufl. Berlin: Dt. Verlag der Wissenschaften 1980

THIELE, R.: Mathematische Beweise. – 5. Aufl. – Leipzig: Teubner Verlag 1988

WEIMER, W.: Logisches Argumentieren. Arbeitstexte für den Unterricht. – Stuttgart: Reclam 2005

ZICH, O.; KOLMAN, A.: Unterhaltsame Logik. – 3. Aufl. Leipzig: Teubner 1975

http://de.wikipedia.org/wiki/